JN117792

XAI（説明可能なAI）

そのとき人工知能はどう考えたのか？

大坪直樹・中江俊博・深沢祐太・豊岡 祥・坂元哲平・
佐藤 誠・五十嵐健太・市原大暉・堀内新吾［共著］

リックテレコム

注　意

1. 本書は、著者が独自に調査した結果を出版したものです。
2. 本書は万全を期して作成しましたが、万一ご不審な点や誤り、記載漏れ等お気づきの点がありましたら、出版元まで書面にてご連絡ください。
3. 本書の記載内容を運用した結果およびその影響については、上記にかかわらず本書の著者、発行人、発行所、その他関係者のいずれも一切の責任を負いませんので、あらかじめご了承ください。
4. 本書の記載内容は、執筆時点である2021年4月現在において知りうる範囲の情報です。本書に記載されたURLやソフトウェアの内容、Webサイトの画面表示内容などは、将来予告なしに変更される場合があります。
5. 本書に掲載されている画面イメージ等は、特定の環境と環境設定において再現される一例です。
6. 本書に掲載されているプログラムコード、図画、写真画像等は著作物であり、これらの作品のうち著作者が明記されているものの著作権は、各々の著作者に帰属します。

商標の扱い等について

1. Pythonは、Python Software Foundationの登録商標です。
2. 上記のほか本書に記載されている商品名、サービス名、会社名、団体名、およびそれらのロゴマークは、各社または各団体の商標または登録商標である場合があります。
3. 本書では原則として、本文中において™マーク、®マーク等の表示を省略させていただきました。
4. 本書の本文中では日本法人の会社名を表記する際に、原則として「株式会社」等を省略した略称を記載しています。また、海外法人の会社名を表記する際には、原則として「Inc.」「Co., Ltd.」等を省略した略称を記載しています。

はじめに

AIが出した答について「なぜ？」「どうして、そうなるの？」と問われた開発者は、絶句するほかありません。そこを機械に任せるための機械学習なのですから、「黙って信じてください」と頼みますか？

この難問に対し、人間が納得できそうな理由や根拠を示す技術が「説明可能なAI」(eXplainable AI：XAI）です。本書では、実際にどのような「説明」が必要とされ、また、可能なのかを丁寧に解説します。代表的なXAI技術の概要を紹介し、PythonのXAIライブラリLIMEやSHAP等の使いこなしを手引き。AIの業務適用で迫られる「公平性・説明責任・透明性」という3つの要求に備えます。

本書のテーマ

業務へのAI導入が本格化するなか、「AIの説明責任」——即ち、AIの出す推論結果に根拠を示せないことが問題になっています。その解決策としてXAIが注目され、様々な実装コードが公開されていますが、研究者向けの論文が多く、ビジネス現場の実情に即した技術解説は見当たりません。「AIの説明責任」はエンジニアとビジネスパーソンの双方にとって喫緊の課題であるにもかかわらず、基本認識を共通化できるような網羅的・体系的な整理を欠くのが実情です。

本書はXAIについて、背景から個別技術までを体系的に学び、いくつかの主要ライブラリを試しに動かしながら、実務適用に向けた知識を習得できる待望の解説書です。

想定読者

- AIや機械学習を扱った経験がある、または勉強中の技術者
- AIや機械学習の業務適用を検討しているビジネス担当者

【前提とする知識やスキル】

・機械学習の概要を理解している方（入門書を2〜3冊読んだ程度で可）

・AI開発／導入の実務経験はないけれど、実用化に向けた課題を知りたいという方

・Pythonのコードを書ける、少なくとも写経はできる方

・何らかのプログラミング言語に触れ、変数や構文くらいは理解している方

・高校程度の数学の知識。簡単な関数やベクトル演算、集合演算等の数式表現に強い抵抗のない方

本書が獲得目標とする知識やスキル

- 「AIの説明責任」について、重要性や課題を説明できるようになります。
- AIの業務適用では、誰にどのような「説明」が求められ、現在のXAIで何が可能か解ります。
- XAIによる「大局説明」と「局所説明」の使い分けができるようになります。
- 各種のXAIの狙いや動作原理を平易な数式で把握。主な手法の得手／不得手、扱うデータや解くべき問題の違いが解ります。
- 各種XAI技術を俯瞰し、説明相手や性能要件、データ特性、AIのアルゴリズム等に応じて、手法選定にあたりをつけることができます。

本書の内容と読み方

- 前半（第Ⅰ部・Ⅱ部）は、XAIの概要を知るための読み物。
- メインパート（第Ⅲ部）ではXAIのハンズオンを通じ、手法選択、実装手順、結果の読み解き方を学びます。サンプルデータを使い、現在主流のXAIライブラリをPythonで実装、結果を出力し、その読み解き方までを通しで習得できます。サンプル事例を扱わないXAIについても、利用場面や出力例を確認できます。
- 最後（第Ⅳ部）にXAIの限界などを紹介し、より発展的な使い方のヒントを提示します。

本書では扱わない情報

- XAIに関する高度な知識、数式の展開や証明
- Pythonや外部ライブラリ等の環境構築手順の詳細
- RなどのPython以外の実装

●ダウンロードのご案内

本書をお買い上げの方は、本書に掲載されたものと同等のプログラムやデータのサンプルのいくつかを、下記のサイトよりダウンロードして利用することができます。

http://www.ric.co.jp/book/index.html

リックテレコムの上記 Web サイトの左欄「総合案内」から「データダウンロード」ページへ進み、本書の書名を探してください。そこから該当するファイルの入手へと進むことができます。その際には、以下の書籍 ID とパスワード、お客様のお名前等を入力していただく必要がありますので、予めご了承ください。

書籍 ID　：　ric12921　　　パスワード　：　prg12921

●開発環境と動作検証

本書記載のプログラムコードは、主に以下の環境で動作確認を行いました。

- 基盤 (クラウドプラットフォーム)：AWS EC2 (p2.xlarge インスタンス)
- OS：Ubuntu 18.04 LTS
- 開発言語・ソフトウェア：
  - Python 3.7.7 (venv 仮想環境)
  - pyenv (パッケージ管理)
  - その他インストールが必要なパッケージは、第 6 ～ 10 章にそれぞれ記載

●本書刊行後の補足情報

本書の刊行後、記載内容の補足や更新が必要となった場合、下記に読者フォローアップ資料を掲示する場合があります。必要に応じて参照してください。

http://www.ric.co.jp/book/contents/pdfs/12921_support.pdf

Contents

第3章 XAIの活用方法

第4章 様々なXAI技術

第Ⅳ部 将来展望

第1章

AIになぜ「説明」が必要か?

機械学習技術の発展により、身近な商品やサービスにAIが積極活用され、その対象は人命や企業経営などが絡む重要な局面にも広がりつつあります。これに伴い、AIの予測結果について、その根拠を示す「説明」が求められるようになってきました。本章では、「なぜAIに説明が必要なのか」、「現在のAIは必要とされる説明を実現できていないのか」といった、現状や課題に目を向けていきます。

1.1 AIの普及と新たな要求

2010年代初頭から始まった第三次AIブームは、現在大きな転換期を迎えつつあります。AI活用の対象である「認識」や「分類」、「予測」といった各種の機能においてこれまで注目されてきたのはその性能、つまり「精度」が中心でした。しかし、AIの活用領域が広がりつつある今、AIには精度以外の価値も求められるようになってきました。

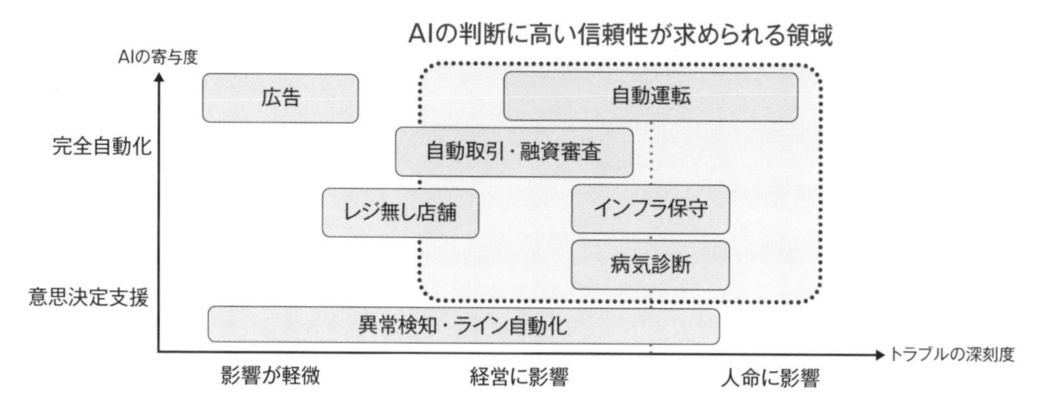

図1.1　AIの活用領域の広がり

第三次AIブームは、ディープラーニングの登場による画像認識や自然言語処理の劇的な性能向上、多種多様なデータの蓄積、計算基盤の進化を背景にして広がりました。ブーム以降、様々な分野・業務を対象にしたAIのPoC（Proof of Concept: 概念を検証するための実証実験）が実施され、検索やレコメンド、チャットボット、音声認識、顔認証などに新たなサービスが登場しました。しかし、一方で危惧されていた「AIに仕事を奪われる」ようなことは、ほとんど起きていません。なぜでしょうか。その理由を、AI固有の性質から考えてみましょう。

AIはソフトウェアの一種であり、入力に対する処理を自動化・効率化することを目的としています。一般的なソフトウェアでは、入力に対する処理をすべて開発者が設計し、実装（プログラミング）する必要があります。これに対しAIの開発では、お手本として入出力データの組み合わせ（教師データと呼びます）を例示することで、それを模倣するような処理をAIが自ら学習します（機械学習と呼びます）。そのため、詳細なルールや条件の記述が難しい複雑なタスクをシステム化することができます。

しかし、処理が学習によって自動で獲得されるからこそ、AIにおいては、その出力を厳格に制御することができません。また、一般的なソフトウェアであれば、処理フローの中で各入力がどのように処理されたかをトレースすることで、「処理の根拠」などを確認できますが、AIの場合、

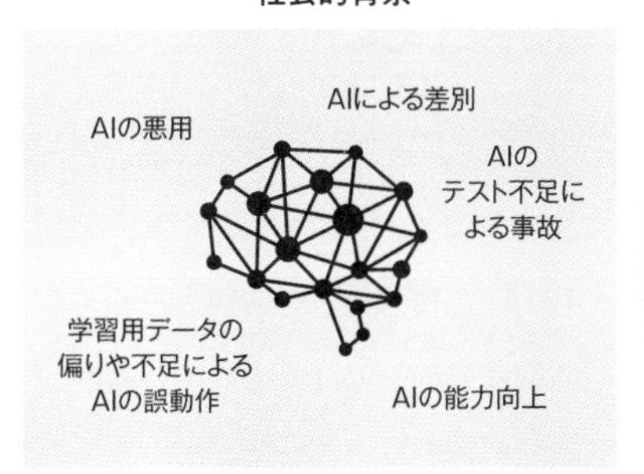

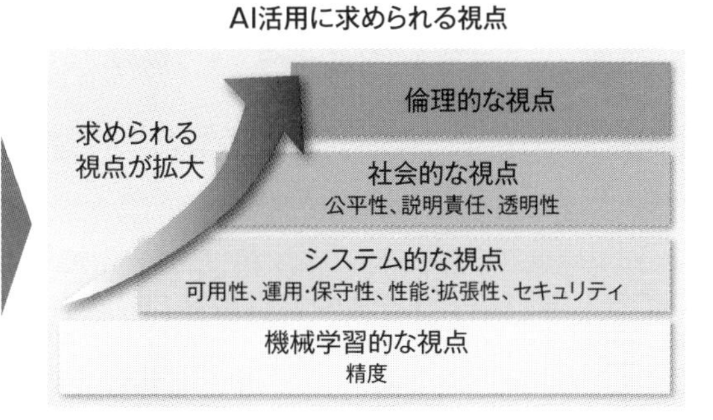

図 1.2 AI 活用に求められる視点の変化

処理や条件が学習によって獲得されているため、それらの根拠を示せる保証はありません。

さらに、教師データに合わせて柔軟な処理を学習できることから、従来のソフトウェアでは実現困難だった人の意思決定に関わる業務を、AI に代替させる取り組みが増えています。しかしそうした場面では、出力に公平性や倫理面の妥当性が新たに求められています。

AI 活用の広がりに伴い、精度に加えて求められるようになった価値は、Fairness（**公平性**）、Accountability（**説明責任**）、Transparency（**透明性**）の 3 つに整理されています。2019 年の G20[1] で承認された「人間中心の AI 社会原則」においても「公平性、説明責任及び透明性の原則」が明記されています。

1 「20 カ国財務大臣・中央銀行総裁会議」のこと。

1.2 AIの公平性・説明責任・透明性

本節では、AIに求められている公平性、説明責任、および透明性の中身を説明します。

1.2.1 AIの公平性（Fairness）

1.1節で紹介したとおり、AIは学習時に例示されたデータから入出力の関係を学習し、それを模倣するような処理を獲得します。もし、学習時の入力データに偏り（バイアス）が含まれると、バイアスに則った処理を獲得してしまいます。

学習データ（学習時の入力データ）のバイアスには、人間の歴史的社会通念に基づく「歴史的バイアス」、データ収集の際に偏ったデータソースを参照してしまうことによる「サンプリングバイアス」などがあります。バイアスによる影響は様々で、属性の異なる利用者間で有意に異なるスコアが出力されたり、特定の属性を持つ利用者が他の利用者と同等水準のサービスを受けられなかったりします。

AIの公平性とは、システムユーザ（以下、利用者と記します）の属性の違いによらず、AIが公平なサービスを提供できるよう、不公平を生じるバイアスを排除することにほかなりません。

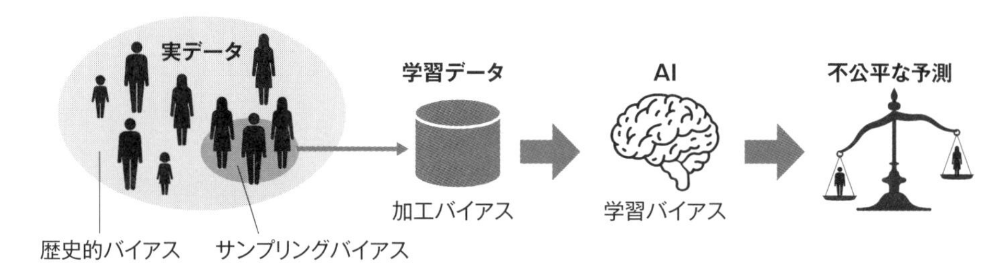

図1.3　不公平な予測を招くバイアスの例

AIの公平性を高めるためには、AI適用のシナリオに沿って、多様な視点でデータとAIを検証する必要があります。

1.2.2 AIの説明責任（Accountability）

AIは過去のデータをもとに構築されるため、全ての未知の入力に対して正しい推論結果を出力する保証はなく、誤った答を出力してしまう可能性があります。「AIの説明責任」とは、誤りの原因がどこにあり、その責任は誰／何にあるのかを明確にすることです。

AIは学習によって処理を獲得するため、学習に用いたデータ、アルゴリズム、そして全体としてのシステム設計のどこに問題の原因があるかを明らかにすることが容易ではありません。また、発生した問題が悪意を持って引き起こされた場合であっても、それを明確に示すことができなければ、その責任を問うことも難しくなります。

特に、人間が行っている業務をAIで代替したい場合には、その人間が負っている責任に相当するだけの説明責任を果たせるか否かが、しばしば適用のハードルになります。

AIの説明責任を果たすには、AIが、入力されたデータのどこを見て出力に至ったのかを示す「**根拠の提示**」、そして、AIシステムを構成する要素のどこにその原因があったのかを明確にするための仕組みが必要になります。併せて、法律などの社会的な整備も重要でしょう。

1.2.3　AIの透明性（Transparency）

AIの説明責任の裏返しとして、利用者が安心してAIシステムを使うために必要なものが「AIの透明性」です。AIの透明性とは、利用者が理解できる形で、AIシステムの情報を提示できることです。その情報の中には、どのようなデータで学習したか、どのような検証を行ったか、そして、どのような基準や根拠に基づいて処理を行っているかが含まれます。AIの透明性を高めるには、AIシステムを構成する各要素についての情報を公開する必要があります。

透明性を担保するこれらの情報は、医療や安全審査のように問題発生時の影響が大きい業務において、「AIの出力を採用してよいか」の判断を下す上で重要です。ところが、ディープラーニングなどの複雑なアルゴリズムを採用する場合、人間が理解可能な形でAIの処理概要を説明したり、出力の根拠を示したりすることは容易ではありません。

1.3 AIの説明可能性

AIの公平性・説明責任・透明性という3つの要求を満たすうえで、共通して求められる機能があります。それは、AIが学習によって「どういう処理を獲得したか」、そして、完成したAIシステムでは、各入力に対して「どういう根拠に基づいて出力を決定したのか」を説明できることです。本章ではこの機能を「AIの説明可能性」と定義することにします。

一般に、AIの説明可能性は、そのAIシステムを構成するアルゴリズムの複雑さに依存します。アルゴリズムが複雑な場合、入力に対するアルゴリズム内部での表現力を高めることができるため、より複雑な推論処理を模倣できる一方で、その内部表現を人間が理解することが困難になり、AIの説明可能性は低くなります。逆に、シンプルなアルゴリズムであれば、AIの説明可能性が高まる一方で、複雑な問題を解くことが難しくなります。

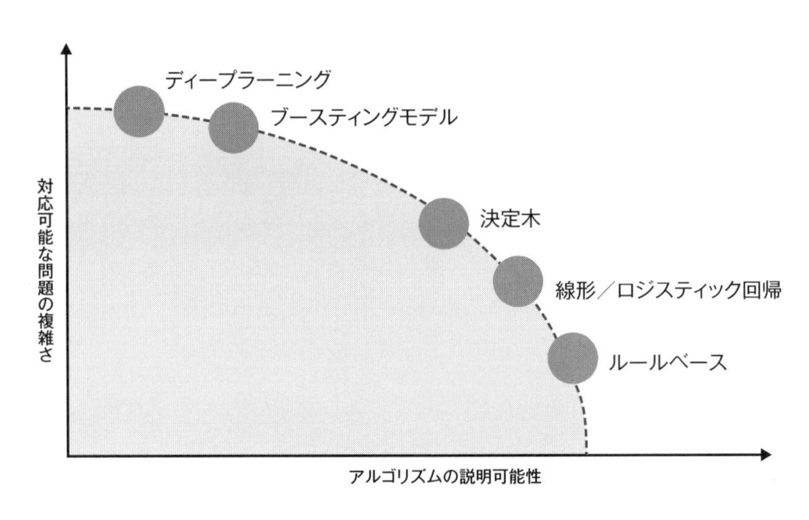

図1.4　アルゴリズムの説明可能性と対応可能な問題の複雑さのトレードオフ

本節では、以下に説明可能性の高いアルゴリズムと低いアルゴリズム、双方の例を示します。

1.3.1 説明可能性の高いアルゴリズム

説明可能性が高いAIアルゴリズムとして、ここではルールモデルの一種である「決定木」と、線形モデルの一種である「ロジスティック回帰」の2つを紹介します。

この2つのアルゴリズムは、機械学習の分野では古典的であり、非常にシンプルな仮説を基に考案されているがゆえに、高い可読性を持っています。また、AIを適用するデータまたは問題によっては、これらの古典的なアルゴリズムが最新のアルゴリズムよりも、高い精度で予測できる場合もあることを付け加えておきます。

本項では、2つのアルゴリズムの概要と、得られる「解釈」について説明します。それぞれのアルゴリズムの詳細や学習の仕組みについては、機械学習の専門書を参照してください。

●決定木

決定木はif-thenルールを積み上げ、樹形図を作ることで、入力されたデータを分類していくモデルです。まず、学習の結果得られる決定木の例を示します。

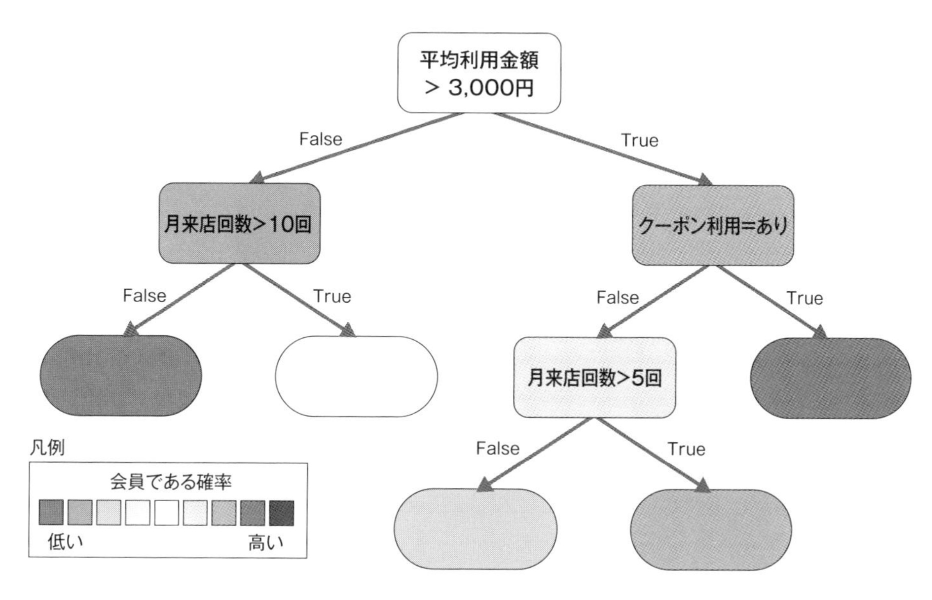

図1.5　決定木の例

図における四角（節と呼びます）が、入力されたデータを分類するための条件になっていて、その条件を満たすか満たさないかによって、データが進む先が分かれます。データは決定木の一番上（根と呼びます）から入力されて、それ以上分岐されることのない丸（葉と呼びます）にたどり着くまで、経路に示された条件に沿って進みます。各データに対する最終的な予測結果は、データが最後に辿り着いた葉に設定された値の形で出力されます。多くの場合、それぞれの葉の値は、その葉に属する学習用データの多数決によって設定されます。

下記に、決定木において代表的な2つの解釈を示します。

①予測において重要な項目

決定木は、できるだけ明確に予測結果を分離できるように、各節の分岐条件を学習します。そのため、各節に条件として現れる項目は、予測値に対して大きな影響を与えるものだと言

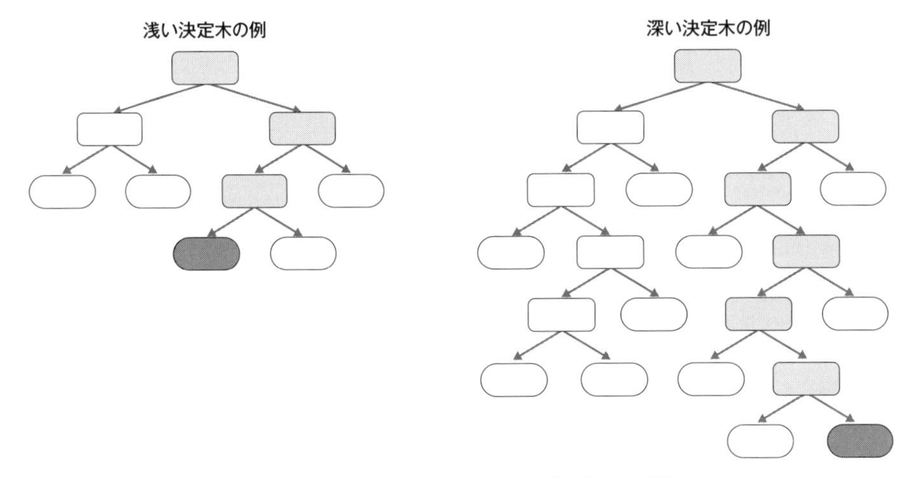

図 1.6　決定木の複雑さと解釈の複雑さの関係

えます。ただし、それぞれの項目は、データ全件ではなく個々の節に属するデータに対して設定されたものであり、その節より上位の条件を前提としたものです。したがって、複雑な（深さのある）決定木を構築してしまうと、同様に条件も複雑になってしまい、その解釈性が低くなってしまうので注意が必要です。

②各入力に対する予測の根拠

上記のとおり、決定木はif-thenルールを積み上げたものです。そのため、最終的な予測結果（出力値）を得るまでの過程において、各入力データがどの条件を辿ってその予測結果に至ったのかを確認することができます。

●ロジスティック回帰

ロジスティック回帰は一般化線形モデルの代表的なアルゴリズムであり、出力が「はい」か「いいえ」かのような2択の値をとる場合に利用可能です。ロジスティック回帰の説明を行うよりも先に、式での記述を紹介します。次の式の中で、xは入力（以下、説明変数と呼びます）のベクトルを表し、Pは出力y（以下、目的変数と呼びます）がどちらか一方の値（例えば「はい」）をとる確率、αおよびβはそれぞれパラメータを表します。

$$P_{(y=\text{「はい」})} = \frac{1}{1+\mathrm{e}^{-(\alpha_1 x_1+\alpha_2 x_2+\cdots+\alpha_n x_n+\beta)}}$$

上記の式は、ある事象が起こる確率を、入力の線形和（に残差を加えたもの）の「シグモイド関数」として表しています。シグモイド関数は、0から1の間を出力にとる単調増加連続関数であり、グラフに描くとギリシア文字のシグマに似た形状となることから名づけられました。

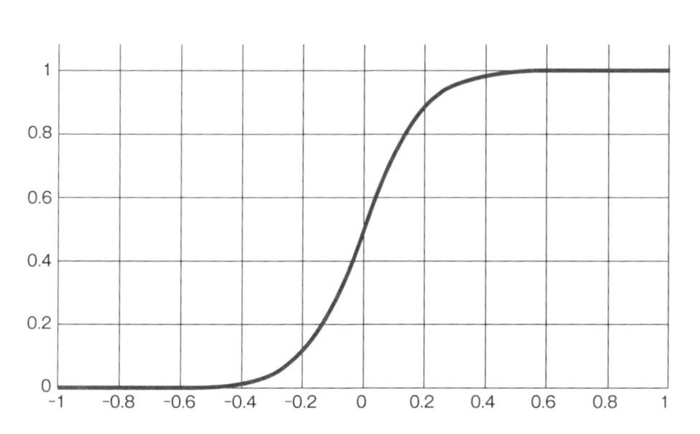

図 1.7 入力が1次元かつα =10 の時のシグモイド関数の入出力の関係

シグモイド関数の出力は、0 近辺から 1 近辺に急激に変化するので、0 もしくは 1 のどちらかしか起こりえないような確率を近似するために利用されます。本書では詳細な説明を省きますが、説明変数の各次元に対する係数（上記の式における a）は計算可能です。そのため、入力の中で重視されている属性や、入力の変化に対する予測の変化を確認することが可能です。

下記に、ロジスティック回帰において代表的な 2 つの解釈を例示します。

①予測において重要な項目

入力される説明変数の大きさが揃っていると仮定すれば、ロジスティック回帰における係数の大小関係は、説明変数の各項目の予測に対する影響の強さを表していることになります。しかし現実的には、人の年齢のようにたかだか 2 桁の値をとる入力もあれば、店舗での利用金額のように 5 桁を超える入力も存在します。そのため、係数を単純に比較するのではなく、平均値や最頻値などの代表的な値と係数の積を求めることで、各項目の影響の大きさを確認します。

例えば、来店頻度と平均利用金額を説明変数とし、会員であるか否かを予測するロジスティック回帰を構築したとします。各説明変数について得られた代表値と係数の積は、それぞれ 3 と 7 だったとします。この場合、学習に用いたデータにおいては、「来店頻度よりも平均利用金額の方が、入会に与える影響が強い」ということが分かります。

②各入力に対する予測の根拠

ロジスティック回帰において獲得される係数を用いると、未知のデータに対する確率を予測できます。上記の入会予測の例では、来店回数が増えた場合に会員になるかどうかを予測したり、利用金額が減ってしまった場合に会員でなくなるかどうかを予測したりが可能です。ただし、これらのシミュレーションは、予測モデルの精度が充分に高く、未知のデータについてもある程度正しい関係が得られていることが前提となる点に注意してください。

1.3.2 説明可能性の低いアルゴリズム

説明可能性が低いAIアルゴリズムとして、ここではブースティングモデルの一種であるXGBoostと、ディープラーニングモデルの一種であるMLP（MultiLayer Perceptron）を紹介します。

この2つのアルゴリズムは、多くのユースケースにおいて比較的高い性能を示すことが知られています。しかし、内部に多くの学習可能なパラメータを持つため、提示される根拠を人間が理解するのは困難です。

本項では、それぞれのアルゴリズムの概要と、人間には解釈が難しい理由を延べます。アルゴリズムの詳細や学習の仕組みについては、機械学習の専門書を参照してください。

● XGBoost

XGBoostは「eXtreme Gradient Boosting」の略で、**ブースティング**と呼ばれるアンサンブル学習モデルの一種です。アンサンブル学習とは、あまり性能のよくない**弱学習器**と呼ばれるモデルを複数用い、合議的に予測を出力する手法です。

複数の予測をとりまとめる方法としては、**バギング**とブースティングの2つが代表的です。バギングでは、並列に複数のモデルを並べ、独立して学習および予測を行って結果を集約します。ブースティングでは直列に複数のモデルを並べ、直前のモデルの誤りを直後のモデルの学習に活用します。原理上、ブースティングでは後段のモデルになればなるほど前段の弱点が克服されるため、精度の高さを基に重みづけを行って、予測を集約します。

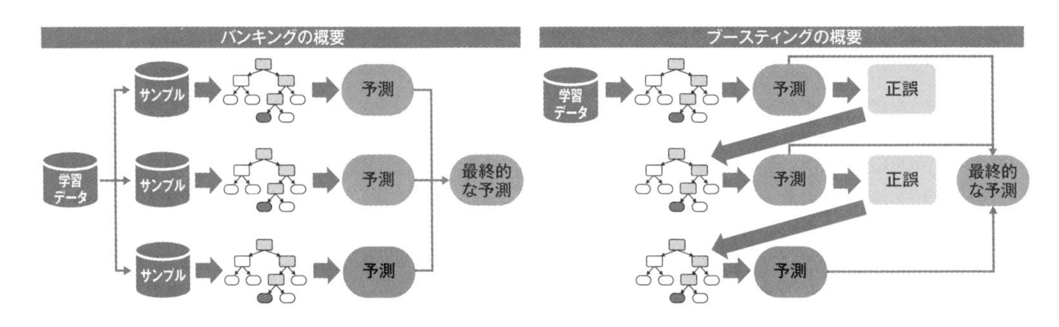

図1.8 アンサンブル学習の代表的なモデルの違い

XGBoostはこのブースティングの弱学習器として、説明性の高いアルゴリズムとして紹介した決定木を用います。学習の結果得られたXGBoostの実体は、複数の決定木と、予測を集約するための重みです。そんなXGBoostにおいて、どのような解釈が可能か検討してみましょう。

①予測において重要な項目

XGBoostを構成する複数の決定木モデルに登場する条件からは、単独の決定木と同様に、予測に影響する項目が抽出されます。しかし、XGBoostの場合、異なる条件を持つ複数の決定木が存在するため、予測に対する項目ごとの影響を確認するためには、各決定木における影響を統合して解釈する必要があります。

ここでは、XGBoostが実装されているPythonのライブラリ「xgboost」において実現されてきた解釈の方法を見てみましょう。

初めに考案されたのは、XGBoostの中で、その項目が何回条件に選ばれたかを数える方法でした。しかし、決定木の説明で触れたとおり、決定木の分岐条件は上位の条件との組み合わせでのみ意味を持ちます。そのため、複数の決定木の中で複数回条件に選ばれた項目は、確かに予測に影響を与えてはいるものの、影響の大きさや比較の意味を正しく説明できているとは言い難いでしょう。

そこで、学習に使ったデータを用いて、より実践的に予測に対する影響を確認する方法が提案されました。さらに、決定木が学習される過程で、条件を導出する際に算出される**gain**という評価値（その条件を設定することで決定木の分類能力がどの程度高まるかを表す値です）に基づいて、各項目の重要度を算出する方法が登場しました。XGBoostの学習方法を考慮すると、gainに基づく重要度の算出が「XGBoost全体において分類性能の改善に寄与した度合い」を表しており、各項目の最も自然な解釈であると考えられています。上記のライブラリxgboostにおいても、この手法が重要度算出方法のデフォルトに採用されています。

なお、XGBoostが提案されたのは2016年、gainに基づく重要度の算出手法が提案されたのは2018年のことです。XGBoostの解釈性の低さを補うために、様々な技術が提案されてきた歴史があります。

②各入力に対する予測の根拠

一方で、XGBoostにおいて、個別のデータに対する予測の根拠を示すのは困難です。個々の決定木はそれぞれがif-thenルールの組み合わせなので、各決定木の個別の予測根拠については参照可能です。しかし、XGBoostの予測は、それら個別の予測を集約して出力されるため、予測根拠についても複数の条件を統合する必要があります。ところが、これまで述べてきたとおり、決定木において得られる条件は、単独ではなく上下関係に意味があります。そのため、複数の決定木で導出された条件の単純な足し合わせと捉えることはできません。

こうした理由から、XGBoostにおいて各入力に対する予測の根拠を確認するためには、本書で紹介するLIMEやSHAPなどの技術を適用する必要があります。

● MLP

MLPはディープラーニングとして知られるニューラルネットワークの一種であり、複数の層構造を持つ機械学習アルゴリズムです。MLP は MultiLayer Perceptron、即ち「**多層パーセプトロン**」の略です。

パーセプトロンとは、高等生物の脳内に存在するニューロンを数学的に模したものであり、代表的な構造はロジスティック回帰と同様の構造です（ロジスティック回帰においてシグモイド関数を用いていた部分が、より非線形性の高い関数になることもあります）。

MLP はこのパーセプトロンを層状に連結した構成になっており、層ごとに情報を伝搬することで、ロジスティック回帰よりも複雑な入出力の関係を表現することができます。

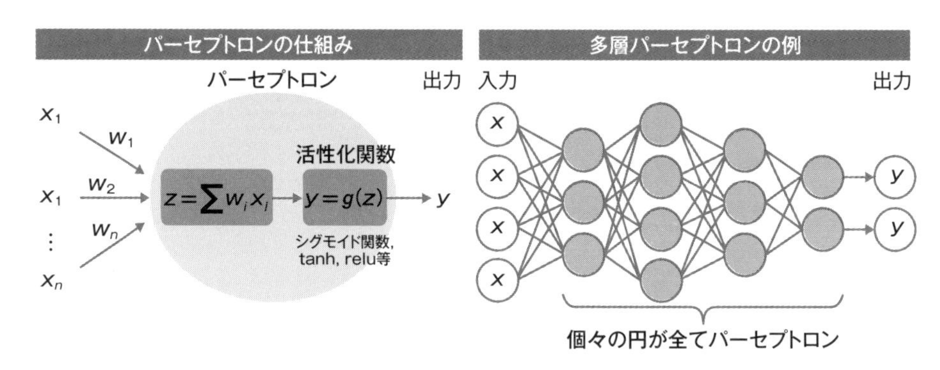

図 1.9　パーセプトロンと MLP の構成

しかし、MLP に含まれる学習可能なパラメータの数は、モデルに組み込むパーセプトロンの数が増えれば増えるほど増加します。また、各パラメータが持つ意味も、層が出力に近づくほど複雑化してしまいます。

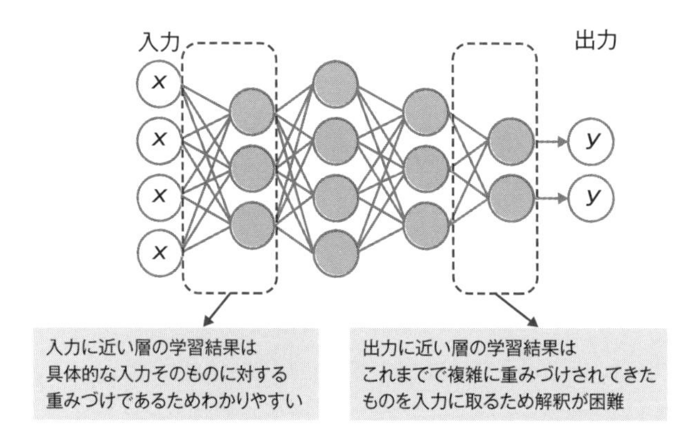

図 1.10　MLP の解釈の難しさ

MLP をはじめとした多層ニューラルネットワークは、内部パラメータの多さからその解釈が難しい技術として知られており、説明可能性を高めるための取り組みが現在も続けられています。

1.4 業務におけるAIの説明の必要性

本節では、与信審査業務を例にして、どのような解釈性が求められるかを示します。

与信審査は、金融機関が取引相手に対する融資の可否や、取引金額を判断するための業務です。相手が個人であれば、住宅や自動車の支払いローンを組めるかどうかが、与信審査で決まります。

与信審査では、過去数年の収支状況や債務状況、属性情報などから、取引相手の返済能力が信用できるか確認します。個人であれば源泉徴収票や確定申告書に加えて、納税証明や他のローンの返済予定表などを確認し、数年先の将来にわたって支払い能力を維持できそうか予想します。ときには提出書類だけでなく、外部の信用調査機関を活用します。

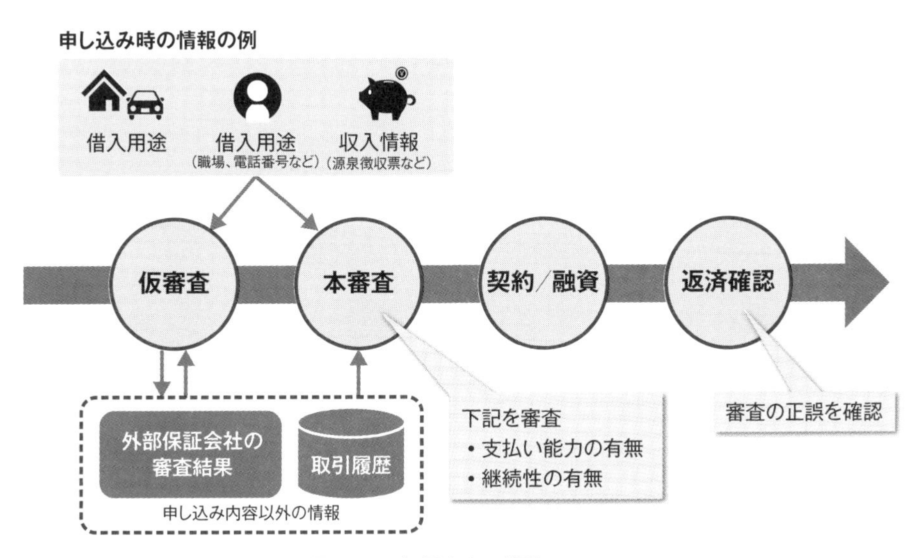

図 1.11　与信審査の業務フロー

与信審査業務に AI を適用する場合、人間に代わって AI が、取引相手の返済能力の有無を判断することになります。仮に、AI 構築に足る十分な条件が揃い、人と同等の分類精度で、信用に値する取引相手を判別する AI が作れたとします。果たして、精度が高ければそれで「AI を使おう」ということになるでしょうか。

前述のとおり、近年では精度だけでなく、AI に公平性や説明責任、透明性が求められています。もし、AI の下した判断によって経済的な損失を生じたり、あるいは審査結果に納得のいかない顧客から、判断の理由や根拠を求められたら、適切に対応できるでしょうか。ここで問われているのは、AI の判断が全体的かつ比較的に正しいかどうかではありません。「どうしてその判断に至ったのか」を説明できないことが問題になるのです。

もちろん、同じ業務を人間が実施する場合でも、間違いは起こります。しかし、組織の意思決定には何段階もの承認プロセスがあり、判断に至るまでの証跡と根拠を保存するので、責任の所在が不明確になることはありません（そのように定められているはずです）。

AIに人間の業務を代替させるためには、結果が正しいことだけでなく、その根拠を説明できる技術、つまり「説明可能なAI」が必要になるのです。

本章のまとめ

本章では、AIに対する期待の高まりに合わせて、新たに求められるようになった「説明可能性」について学びました。また、AIを実現するための代表的なアルゴリズムについて、その特徴と説明可能性との関係にも触れました。

その中で見てきたとおり、アルゴリズムが表現できる問題の複雑さと、アルゴリズムの説明可能性の高さには、トレードオフがあります。このトレードオフを解消し、複雑な表現力と説明可能性の高さを両立するために提案されているのが「説明可能なAI」（XAI：eXplainable Artificial Intelligence）という技術です。

本書ではこのXAIについて、基本的な仕組みから実践的な使い方に至るまでを理解していきます。

この後に続く第2章では、XAIがどのような狙いのもとで、どういった形で開発されたのかを解説します。第3章では、XAIによって得られる「説明」が、様々な場面にもたらす価値を明らかにします。第4章では、代表的なXAI技術をいくつか取り上げて、そのコンセプトや簡単な数式表現を紹介しています。さらに第5章では、様々なXAIを評価するための観点を解説しています。

そして第6章から第10章までは、重要なXAIライブラリについて、データの種類や説明対象の違いごとに、具体的な使い方をひとつずつ学んでいきます。第11章では、それらのXAIライブラリをより高度に使いこなしていくための応用的な実践スキルを身に着けていきます。第12章では、XAIに関する議論ポイントを整理し、「AIを説明する」という目的に照らして課題となる点を検討します。最後に第13章では、今後のXAIに期待される「あるべき姿」の実現に向け、取り組みの展望を語っています。

全編を通して、読者のXAIに関する理解を深め、目的に応じて正しく使いこなせるようになることを目指した構成となっています。「AIの説明」の必要性は、今後ますます高まっていきます。本書を活用して、最前線の要求を解決するXAIをマスターしていきましょう。

第2章

「説明可能なAI」の概要

第1章で見たように、AIに対して公平性や説明責任が求められています。しかし、高い精度が期待されるディープラーニングなどのAIでは、予測に至る判断過程を解釈して、公平性などの要件を満たすのは困難です。その解決方法として、AIの精度と解釈性を両立させる「説明可能なAI(XAI)」が注目されています。本章では、XAIがどういった技術なのか、基本的な特徴や分類を理解していきます。

2.1 XAIとは何か？

ディープラーニングなど複雑な内部構造のAIが導き出した予測に対する解釈性を高めることを目的として、近年「説明可能なAI（XAI）」という技術が注目されています。XAIは何か特定の技術やツールを指す言葉ではありません。「様々な種類のAIをあらゆる観点から理解する」という目的のために研究・提案されている技術の総称です。個々のXAI技術には、顕著な特徴の違いがあります。それらについては第4章で具体的に見ていきますが、本章ではXAIの共通する目的や「説明」の分類、説明方法の違いなどを解説していきます。

2.1.1 XAIの目的

AIは仕組みが複雑なので、予測の過程を直接把握するのは困難です。XAIの目的は、そのようなAIについて、以下の点を理解することです。

- ひとつの入力データがAIに与えられたときに、最終的な予測を出すにあたって、データの中のどの部分を特に重視しているか？
- 様々なデータが入力されうるAIにおいて、予測を分かつ要素、判断基準となる要素は何か？
- ブラックボックスであるAIについて、入出力の関係をより分かりやすい仕組みに置き換えて考えた場合、どのような判断過程を辿っているか？

これらはXAIの目的の一例であり、ほかにもAIを理解するための観点は多数考えられています。しかしそれらに一貫しているのは、AIそのものからは直接解釈を得ることが難しい事柄について、XAIが「説明」していることです。つまり、第1章で取り上げた公平性や説明責任を果たすにあたって、XAIは極めて重要な役割を担っていると言えるでしょう。

2.1.2 「説明可能なAI」と「解釈可能なAI」

説明可能なAI（XAI）は、複雑なAIを何らかの観点から理解していくことを目的として「説明」する技術です。一方、よく似た言葉として「解釈可能なAI」（Interpretable Artificial Inteligence）が用いられる場合があります。あるいは、それぞれの特性を表す言葉として「説明可能性」（Explainability）と「解釈可能性」（Interpretability）が用いられます。

これらはAIの理解について語られる文脈で使われていますが、2つの用語にはどのような違いがあるでしょうか。様々な文献での用語の違いに着目すると、それぞれ次のような意味を持って使われています。

●**説明可能なAI（説明可能性）**

この用語は、内部に複雑な構造を持つAIについて、予測の判断理由を人間が理解できるように説明する技術（または特性）を指しています。「理由を説明できること」にフォーカスしているため、必ずしもAIモデルの内部構造を精緻に解析できる必要はなく、ブラックボックスなAIモデルに対して**外挿的**に説明を与えるような手法もこれに該当します。

●**解釈可能なAI（解釈可能性）**

この用語は、内部構造を解析することで、予測に至る計算過程を確認できるようなAIそのもの（またはその特性）を指しています。例えば、パラメータの変更や入力データの変化によって、予測がどのような影響を受けるかを予見できるAIモデルが該当します。古典的な決定木などの機械学習手法は、予測に至るまでの計算過程を辿ることができるので、解釈可能AIの一種だと言えます。

説明可能なAIと解釈可能なAIが表す対象はそれぞれ異なりますが、どちらも「AIが予測に至った過程を理解する」という意味では共通した目的を持っています。そのためXAIに関する文献では、両方の表現が併用されることがあります。

Column XAIの関連用語の意味

XAIに関する文献では、「解釈可能なAI」のほかにも類似した表現が頻繁に出てきます。そのような関連用語を**表2.1**に整理します。ただし、それぞれの用語が表す意味は、文献によって多少異なる場合があります。

表2.1　XAIの関連用語と意味

XAI関連用語	説明の内容
Understandability：わかりやすさ Intelligibility：明瞭度	利用者にとって、説明が分かりやすいものであるかを表す尺度
Predictability：予測可能性	データの状態に対して定性的または定量的に正しく予測できることを表す尺度
Trustworthiness：信頼性	AIの予測について、利用者の知識や経験、感情から生まれる肯定的な印象を醸成させる尺度
Reliability：信頼性	AIの予測に従うことで利用者に価値をもたらすことを確信させる度合いを表す尺度
Transparent AI：透過型AI	学習に用いられたデータやプロセスを示すことが可能なAI
Interpretable AI：解釈可能なAI	人間にとって本質的に解釈可能なアルゴリズムによって構築されたAIモデル
Explainable AI：説明可能なAI	利用者の理解を支援する、予測に関する説明を提供するAI技術
Accountable AI: 説明責任のあるAI	利用の事実や学習に用いるデータの取得・使用方法などに対する責任の所在を、対外的に説明できるAI
Fair AI: 公正なAI	意思決定におけるモデルやデータの倫理性や公平性について保証されたAI

2.2 XAIの動向

XAIにかかる期待は大きく、様々な研究成果が報告されています。研究論文だけでなく、AIに対し具体的な説明を行う実装例も公開されています。そうした近年の動向を簡単にまとめておきます。

2.2.1 XAIの旺盛な研究

XAIは非常に有望な技術テーマのひとつであり、近年、特に研究が旺盛な様子は研究文献数などからも推し量ることができます。**図 2.1** が示すように、年を経るにつれて、XAIや解釈可能なAIに関する文献数は増加しています。

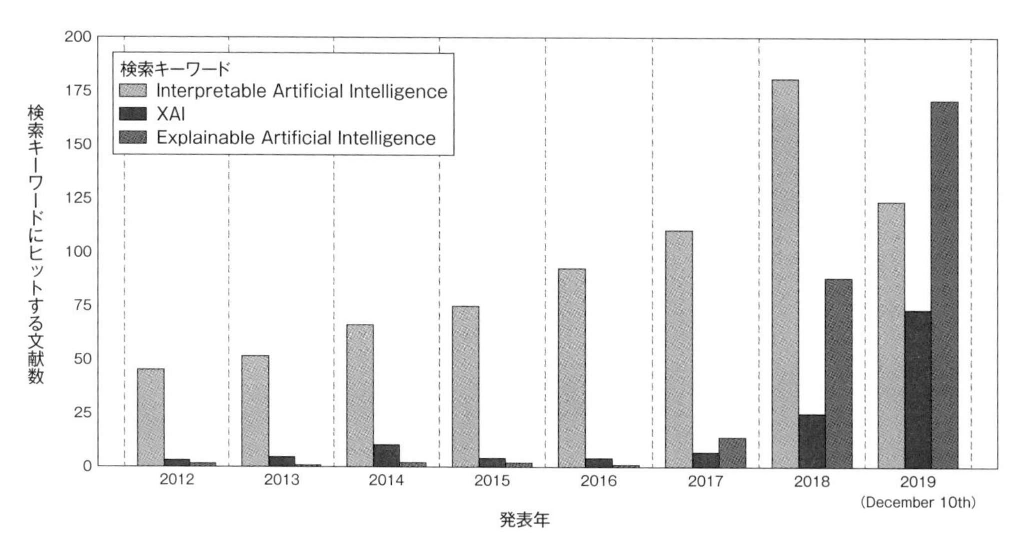

図 2.1　XAIに関する査読付き文献数の推移

［出典：Explainable Artificial Intelligence (XAI): Concepts, taxonomies, opportunities and challenges toward responsible AI］をもとに作成

XAIは今後もさらに重要性を増していくでしょう。そのすべてを網羅するのは難しいですが、特に注目されている研究成果は押さえておきたいところです。また、多種多様なXAIを俯瞰した動向調査の結果も報告されています。これらの論文を取っ掛かりにして、新しい技術を理解していくのもよいでしょう。

2.2.2 XAIの実装

XAI研究の進展に伴い、各種のAIモデルに適用可能な、XAIの実装ライブラリも多数開発されています。その多くはOSS（オープンソースソフトウェア）として公開されており、機械学習を動かしたことがあれば誰でも、容易に利用できます。特にPythonは機械学習ライブラリが豊富なことから、XAIライブラリも多数公開されています。

本書でも複雑なAIモデルを説明する方法として、PythonによるXAIライブラリをいくつか扱っています。それらを使ったAIの説明方法について、第6章から第10章に詳しく記載しています。

2.3 「大局説明」と「局所説明」

XAIによるAIの説明は、対象とする説明範囲の違いによって「大局説明」(Global Explanations)と「局所説明」(Local Explanations)の2つに分類されます。それぞれについて紹介していきます。

2.3.1 大局説明(Global Explanations)

大局説明は、「AIモデルの全体的な振る舞い」を理解することを目的とします。すなわち、一つひとつの事例(入力データ)について予測過程を説明するのではなく、様々な事例での予測を総合して見たときの「AI内部の支配的な傾向」を説明するのが大局説明です。

具体例としては、特徴量ごとの予測に対する重要度を算出したり、予測までの判断ロジックを可視化したりするものが大局説明に当たります。前者の「特徴量の重要度」に注目するXAIの場合、AIの予測に強く影響する入力データの変数や、その影響の度合いをスコアとして出力することで、AIモデルの全体的な振る舞いの説明とします。特徴量の重要度を知れば、予測を変えうる特定の変数に注目して、データを眺めることができます。

このような大局説明による理解は、AIモデルそのものの評価や、学習の改善などのアクションにつなげることが期待できます。

2.3.2 局所説明(Local Explanations)

局所説明は「個々の予測結果の判断理由を理解すること」を目的とします。大局説明とは異なり、与えられる一つひとつの事例(入力データ)に対する予測過程を説明します。

具体的には、ある事例に対するAIの予測において、そのデータに記録されたいくつかの変数が、それぞれ予測確率をどの程度高めることに「寄与しているか」を算出することで、予測の判断理由を説明します。局所説明は、AIの予測結果を受け取る際に、判断に至った根拠として捉えることで、予測に信頼性をもたらす役割が期待できます。

2.4 説明方法の違い

XAIによるAIの説明は、それぞれの目的に応じ、異なった方法が採られています。そこで、いくつかの説明方法の違いについて解説します。

●特徴量による説明

最もシンプルな説明の方法は、**特徴量**を使ったものです。ある入力データにおいて、特徴量が予測にどの程度影響しているかの度合いを算出するなどの形で説明を行います。また、データの種類によってAIモデルにも違いがありますが、入力されるデータの種類に応じた特徴量を用いて説明を行います。例えば、表データの場合は重要な変数が何であるかを示し、画像データの場合は予測を決定づける画像領域を可視化します。

●判断ルールによる説明

特徴量のみを用いた説明だけでなく、予測に至った根拠を理解するために、判断ルールの形で説明を行うこともあります。イメージとしては、モデル内部の条件分岐により説明を行う決定木のようなものが該当します。ルールによる説明においては、人間が理解できる程度のルール数の組み合わせで、AIの予測の主要な部分をカバーできていることが求められます。

●データを用いた説明

XAIの中には、AIの学習に用いたデータ（学習データ）を用いて説明を行うものもあります。ある入力データが与えられて予測を行った場合に、その予測を判断する際に大きく参考とした学習データを提示することで、判断理由の説明とします。学習データを用いた説明では、AIの予測に悪影響を及ぼす学習データを排除するといった改善の取り組みに、直接的につながることが期待できます。

2.5 モデル依存性

XAIの適用に大きく影響する特性として、AIモデルに対するXAIの依存性があります。特定のAIモデルへの依存性は、汎用性の点では制約になるものの、一方ではそのAIモデルに特化することのメリットを享受できる期待もあることから、それぞれの特長を解説していきます。

2.5.1 モデル依存型のXAI

特に多いモデル依存型のXAIとしては、ディープラーニングモデルに特化したXAIがあります。例えば、画像識別モデルを対象としたXAIの場合、（畳込み層とプーリング層が重なり最終層で目的別の予測を行うといった）層の深いネットワーク構造を踏まえて、構造内の重み情報を上手く活用することで、予測結果（画像識別）に対する説明につなげています。

このようにモデル依存型のXAIでは、適用できるAIモデルやアルゴリズムが限定されるものの、対象とするAIモデルの構造を十分に活用した説明を出力できる強みがあります。

2.5.2 モデル不問型のXAI

モデル不問型のXAIは、対象とするAIモデルに特段の制約はありません。対象のAIモデルをブラックボックスと捉えて、あるデータが入力された際に、どのような予測がなされるかの関係性を読み解くように説明を生成します。

モデル不問型のXAIには、様々なAIモデルを一括で説明でき、AIモデルを変更しても一貫して適用できるといったメリットがあります。その一方で、対象モデルの情報を一切知ることができません。このため、AIモデルの構造を踏まえた、もっと合理的な説明の可能性があっても、それを生かすことはできません。

本章のまとめ

本章では、XAIの基本的な解説を行いました。同じ文脈で語られる「解釈可能なAI」にも言及し、類似した概念を表す用語の違いを明確にしました。

XAIは盛んに研究が行われ、積極的にライブラリ開発が進められています。XAIの説明は、モデル全体の振る舞いを明らかにする「大局説明」と、入力データごとの予測の根拠を提示する「局所説明」に分類されます。説明方法についても、シンプルに重要な特徴量を算出する方法や、判断ルールを可視化する方法、影響度の強い学習データを示す方法などがあります。さらに、説明対象のAIモデルを限定するXAIと、モデルの種類を問わないXAIがあり、それぞれに一長一短があります。

XAIに対する基本的な理解ができたことで、XAIの説明が具体的にどのように役立っていくのかが気になります。それに関しては、このあとに続く第3章で解説していきます。

第3章 XAIの活用方法

第2章では、XAIの基本的な事柄を理解しました。XAIは、AIモデルの全体的な振る舞いを理解する大局説明と、一つひとつの予測結果を個別に解釈する局所説明の2種類に分類できます。これらの説明には、それぞれに適した使い方が考えられます。本章では、XAIの具体的な活用方法を見ていきます。

3.1 説明分類ごとの活用方法

仕組みが複雑なAIモデルであっても、XAIを用いることで、特徴量の重要度などのかたちで予測の根拠を理解することができます。XAIは説明対象の違いによって、AIモデルそのものを理解する大局説明と、一つひとつの事例に対する予測結果を解釈する局所説明に分類されます。これらの説明は、具体的にどのように活用できるでしょうか。本章では、それぞれの説明の活用方法を考えていきます。

なお、本書では活用方法を考えるにあたって大局説明と局所説明の違いに着目していますが、必ずしもその分類に縛られる必要はありません。データの種別（表形式、画像、テキストなど）や説明対象モデルの違い（ディープラーニング系とアンサンブルツリー系など）に着眼点を置くこともできます。また、ここで紹介するのはアイデアの一例に過ぎず、ほかの活用案も数多く考えられるでしょう。

3.1.1 局所説明の活用方法

大局所説明は、AIモデルに入力される一つひとつの事例（入力データ）に対する予測結果について、「どの特徴量をどの程度重視してその判断に至ったのか」などを理解することを目的としています。例えば、画像に写っているものを判別するAIに対して、その画像内のどの領域が分類予測に大きく影響しているかを示したりします。局所説明の活用方法として、本書では以下の2つを考えます。

1. 申告内容の妥当性検証
2. 意図とは異なる学習の見直し

1番目は、AIの予測結果を説明する一般的な使い方です。2番目は、予測結果の説明から学習段階を見直すという、少し応用的な使い方を考えています。それぞれについて、3.2節で具体的に解説します。

3.1.2 大局説明の活用方法

大局説明は、AIモデルそのものに対する理解を深めることを目的としており、AIに関する様々な情報を得られます。モデル全体としてどの特徴量を重視しているかを表したり、予測に対して強い影響を持つ学習データを提示したり、といった多様なアプローチの説明があります。そのため、その活用方法にも多彩なバリエーションが考えられます。本書では、以下の2つの活用方法を考えています。

1. AI モデルの改善運用
2. 敵対性攻撃の検証

1 番目は、AI を継続的に運用していく営みの中での活用です。2 番目は、AI に対するリスクとして懸念されている敵対性攻撃に関する検証です。どちらも発展的な使い方であり、それぞれ 3.3 節で具体的に解説していきます。

3.2 局所説明の活用方法

局所説明はどのように活用できるでしょうか。本書では、局所説明を解釈することで予測結果の根拠を示すという一般的な活用方法だけでなく、ある予測に対する説明から、「その AI モデルが、意図とは異なる学習をしていないか」を判断するという使い方も考えます。

3.2.1 申告内容の妥当性検証

局所説明は、入力における特徴量（変数）のうち、特に重要または懸念となる要素を特定し提示します。いろいろな適用分野がありますが、特に相性のよいユースケースとして、何かしらの申告業務があります。

例えば、持ち込み荷物の申告書審査業務を想定しましょう。ある申告の審査結果として、AI が「拒否」と判断したとします。このとき局所説明として、①「申告品目は衣類である」、②「外箱容積が小さい」、③「重量が重い」ことが重要な理由として挙げられたら、持ち込み拒否の理由をそのまま申請者に説明することができます（さらに衣類の確認のため箱を開示する等の後続業務にもつながります）。

この例のように、申告内容が妥当であるかを審査する業務に局所説明を用いることで、業務内容と整合した判定理由を説明することができます。

3.2.2 意図と異なる学習の見直し

局所説明を応用すると、AI モデルの学習が適切に行われたかどうかを判断することもできます。ここでは、LIME（詳細は 4 章 4.2 節）の論文を理解していきます。

図 3.1 の（a）はシベリアンハスキー犬の画像ですが、AI モデルは誤って「狼」と分類していま

(a) Husky classified as wolf　　(b) Explanation

図 3.1　「狼」と予測されたシベリアンハスキー犬の画像(a) と、その根拠となった画像領域(b)

（出典："Why Should I Trust You?": Explaining the Predictions of Any Classifier）

す。その予測の根拠となった画像領域が**図 3.1** の（b）に示されています。画面中央に写った動物の顔ではなく、背後の「雪」が写った領域を見て「狼」と判断していることがわかります。つまり、この画像分類 AI モデルは、「雪」が写っているかどうかで「シベリアンハスキー」と「狼」を見分けるという学習を行ったようです。これは期待とは異なる学習結果であり、顔や全身を見て判断するよう学習し直すべきです。誤りの原因としては、学習データに偏りがあり、「雪中のシベリアンハスキー」と「雪のない場所での狼」の画像が不足しているからだと考えられます。

また、この例では、誤った予測の理由の中から「意図とは異なる学習」の痕跡を発見しましたが、正しい予測結果だったとしても、結果に至る過程が適切であるかは確認する必要があります。例えば、第 1 章で取り上げた「公平性」の観点からは、ある予測に至った要因として不適切な理由が挙げられていたら（例えば融資審査の拒絶理由として性別を挙げている等）、是正しなければなりません。

以上のように、局所説明は単に予測結果に納得感をもたせるためだけに利用するものではなく、AI の学習の妥当性についても示唆を得られると期待できます。

3.3 大局説明の活用方法

続いて、大局説明の活用方法を考えていきます。AI モデルやデータセット全体を理解できる大局説明は、AI モデルを運用する場面での活用に加え、社会への AI の浸透において懸念されている「敵対性攻撃」の問題にも貢献できる可能性があります。

3.3.1 AIモデルの改善運用

実用システムに組み込まれる AI モデルには、継続利用のためのメンテナンスが欠かせません。リリース直後には、最新の状況を踏まえたベストな AI モデルが採用されますが、その後データの傾向等に変化が生じるため、精度面等で十分な結果を出すのが難しくなるからです。

こうした AI モデルの陳腐化に対しては、その都度データ等を見直して、改めて学習を行う改善を続けます。このとき、十分な予測精度を出せることは必要条件になりますが、それだけでなく、妥当な根拠のもとで予測が行われることも必須となります。例えば、何らかの審査を行う AI システムの場合、審査結果の判断根拠を説明できていなければ、モデルの更新には踏み切れないでしょう。

今後の AI の広汎な浸透にあたって継続的な運用を図るために、大局説明は極めて重要な役割を担うでしょう。

3.3.2 敵対性攻撃の検証

今日、AI について特に懸念されている問題のひとつに敵対性攻撃（Adversarial Examples）があります。敵対性攻撃は、AI による自動化のために解決すべき大きな課題です。その改善策を検討する場面でも、XAI が役割を果たせる可能性があります。

●敵対性攻撃

敵対性攻撃とは、具体的にどのようなものかを説明します。**図 3.2** の例では、「パンダ」の画像にノイズとなるデータを加えたことで、AI は「テナガザル」と予測してしまいました。人間の目視では明らかにパンダなのですが、AI は誤って認識しています。このように、ノイズを加えて AI の誤認識を誘引する方法を敵対性攻撃と呼び、自動運転等の安全性を脅かす問題として、解決が求められています。

このような敵対性攻撃に対して、XAI を用いてどのような貢献ができるでしょうか。

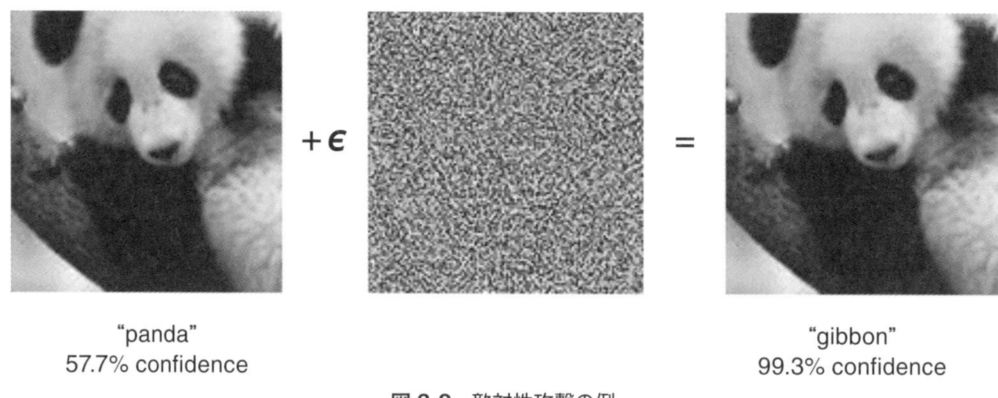

図 3.2　敵対性攻撃の例

（出典：Attacking Machine Learning with Adversarial Examples）

図 3.3 の例では、左上の犬が写った画像に一定のノイズを加えて、「魚」と予測するように学習を行っています。すると、本来は高い精度で「犬」と予測されるはずの下の５つの画像に対しても、AIは「魚」と予測するようになってしまいます。いずれの画像にも魚は一切写っていないことから、誤った予測を誘引できていることが分かります。

この敵対性攻撃の再現は、XAIによって可能となりました。AIが「犬」を予測する学習において左上の画像が重要な役割を担っているため、この画像へノイズを加えることが敵対性攻撃につながるのだということを、XAIが明らかにしたのです。

敵対性攻撃の再現は、その根本的な解決方法の検討していくうえで、非常に重要な役割を担っていくでしょう。このように、XAIの説明をうまく用いることで、AIの課題解決にも貢献できるとの可能性が期待されます。

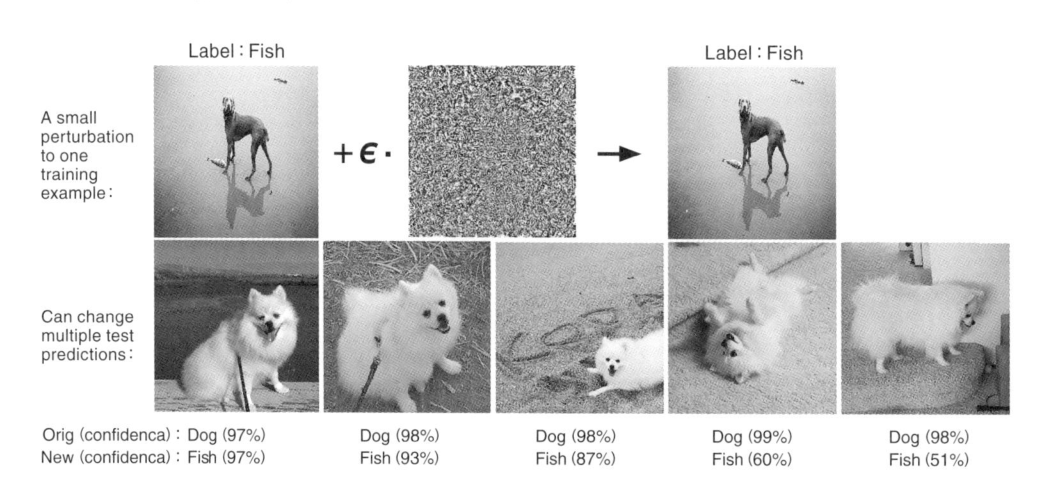

図 3.3　XAIによる敵対性攻撃の再現

（出典：Understanding Black-box Predictions via Influence Functions）

本章のまとめ

本章では、XAIによる「局所説明」と「大局説明」には、具体的にどのような活用方法が考えられるかを紹介しました。

局所説明では、個々の予測の根拠となる特徴量などを明らかにできることから、個々の申請内容の検証が必要となるようなユースケースでの活用が期待できます。また、データの中で何を重視しているかが理解できるため、対象とそぐわないものを重視するような予測が行われている場合には、学習の見直しなどの改善につなげることができます。

また、AIモデルの学習が適切に行われたかを、XAIの大局説明により定性的に評価することは、AIの運用プロセスにおいても大切な役割となります。さらにAIの大きな課題である「敵対性攻撃」についても、重要な学習データをXAIで検出し、一定のノイズを加えることで、敵対性攻撃を再現できています。これを利用して、学習データの見直しなどの改善につなげることが期待できます。

以上のように、局所説明・大局説明ともに、様々なシーンで活用できます。XAIには多くの種類があり、大きく異なるそれらの違いを踏まえると、使い方もさらに具体的になっていくでしょう。そこで第4章では、個別のXAIについて特徴を掘り下げ、理解を深めていきます。

第4章

様々なXAI技術

複雑なAIの理解に向けて活用が期待されるXAIですが、その説明方式については様々な技術が提案されています。その数は膨大であり、旺盛な研究によってますます増加していくことが予想されます。本章では、XAIの中でも特に重要なものをラインアップし、動作原理などを解説していきます。AIに対する説明が求められる様々なシーンに応じて、適切なXAI技術を選択・検討できるようになることを目指します。

4.1 様々な説明方式

様々なXAIが研究されていますが、具体的にはどのような技術があるでしょうか。まずは主要なXAI技術を列挙し、現在主流の説明方式を俯瞰します。

4.1.1 XAIのラインアップ

第2章でも確認したように、XAIについては膨大な種類の技術が提案されており、そのすべてを把握することは困難です。そこで本書では、多くの文献で引用されたり、複雑なAIの理解に有用な説明技術について理解することを目指します。**表4.1**に、そのような主要なXAI技術をラインアップしました（一部、XAIと明言されていなくても、AIモデルの理解につながる技術を含んでいます）。多面的にAIモデルを理解するためには、適用すべきXAI技術の候補を揃え検討しなければなりません。そうした技術選定を適切に行えるよう、各種XAI技術に対する理解を深めましょう。

表4.1　現在主流のXAI技術のラインアップ（一例）

XAI技術	説明手法の特徴	解説
LIME	画像やテキストを含む多様なデータに対し、任意の判別AIモデルの予測を線形近似によって説明する	4.2節
SHAP	各種データに対応するAIモデルの予測に対して、特徴量の貢献度をゲーム理論的な指標を用いて按分して説明する	4.3節
Permutation Importance	特徴量の値を並べ替えた後のモデルの予測誤差の増加を測定し、特徴量と結果の関係を明らかにする	4.4節
Partial Dependence Plot / Individual Conditional Expectation	特徴量の変化が機械学習モデルの予測結果に与える影響を、グラフとして示す（予測値の平均を用いるか、個々の予測値を用いるかで手法名が異なる）	4.5節
Tree Surrogate	AIモデル予測の大域的傾向を近似するように学習した解釈可能な決定木で、代理的に説明する	4.6節
CAM / Grad-CAM	CNN系モデルの畳み込み層の勾配を利用して、画像内の重要領域を強調したマップを生成する	4.7節
Integrated Gradients	DNN系モデルの入出力の勾配の積分を近似計算して、入力特徴に重要度スコアを割り当てる	4.8節
Attention	RNN/CNN（再帰型／畳込み型ニューラルネットワーク）系のモデルに利用される注意機構を用いて、予測への説明を考える	4.9節

4.1.2 本書での解説内容

表 4.1 に挙げた各種 XAI 技術について、以下の内容を中心にして、4.2 節以降で解説します。主に、それぞれの動作原理について、概念を理解していきましょう。技術の使い方については、具体的なサンプルコードとともに第 6 章以降で紹介していきます。

- **コンセプト**

  複雑な AI モデルをどのように解釈していく技術であるか、その根幹をなす概念を紹介します。前提となるような、関連する XAI 技術がある場合には、その背景を含めて解説します。

- **動作原理・数式表現**

  説明手法のコンセプトを成立させる数式表現については、必要に応じてその意味を解説します。本書では込み入った数式展開は最小限に留めており、数式が何を意図したものであるか端的に理解できることを目指します。

- **実用における有用性や懸念点**

  その説明手法に対して期待される有用性や、注意すべき懸念事項を整理します。

- **モデルやデータに対する依存性**

  XAI のアルゴリズム依存性（特定のモデルに特化した説明手法であるか、モデル種別を問わない手法であるか）に対する理解を深めていきます。また、データの種類に応じて異なる実装がある XAI 技術など、データの観点から特筆すべき特徴があれば言及します。

4.2 技術紹介① LIME

LIMEは、ある説明対象データ1件に対するAIモデルの予測結果について、予測に寄与したデータの特徴を算出します。こうした手法は「局所説明技術」と呼ばれます。説明可能なAIモデルに制約はありません。また、動作原理上からは、任意の入力データに対して利用でき、テーブルデータ、画像データ、テキストデータに対応したライブラリが提供されています。

4.2.1 コンセプトと動作原理

AIモデルとは、複数の特徴量で表現される広大な空間の中に、予測が切り替わる複雑に入り組んだ境界を、学習データから導出するものだと捉えることができます。LIMEのコンセプトは、複雑な識別境界や内部ロジックを持つAIモデルであっても、説明対象データの近傍に限れば、単純な線形モデルで近似できると仮定し、その近似した線形モデルを予測根拠の説明のために使用することにあります。このコンセプトのもと、LIMEの動作原理は次の3ステップから構成されます。

①説明対象データを摂動[1]させて近傍データを生成する
②近傍データに対する説明対象AIモデルの予測結果を取得する
③近傍データと②の結果を組み合わせたデータを用いて、解釈可能なモデルを獲得する

図4.1は、上記のコンセプトと動作原理を示しています。前提として、説明対象のAIモデルは正負を複雑な境界で識別しています。この複雑な境界全体について、特徴量1、特徴量2がどのような値をとるときに、判定結果が正（または負）になると説明することは難しいでしょう。そこで、このモデルに説明対象データ（★）を入力したときの局所的な予測根拠を、LIMEによって獲得することにします。

まず、説明対象データの周りに近傍データ（●）を多数作成し、それぞれの正負をAIモデルで予測します。ここまでが上記の①と②に相当します。図中の●の大きさは説明対象データとの距離の近さを表し、近いほど局所的なモデルの構築に影響を与えます。そして③として、近傍データを識別できるように、点線で示す線形モデル（解釈可能モデル）を獲得します。図4.1の例において、説明対象データの近傍では、特徴量1の方向にデータが移動すると予測結果が変わることを、線形モデルの回帰係数（傾き）として得ることができます。

1　データの一部分を削除したり、ノイズを加えたりする操作。

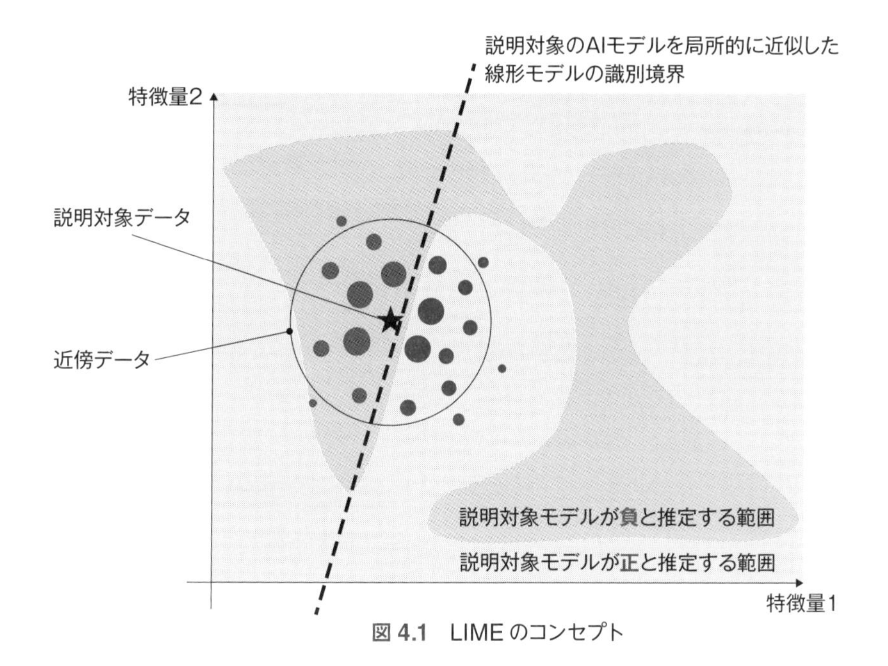

図 4.1　LIME のコンセプト

以上が概念的な LIME の仕組みとなりますが、より一層理解を深めるために、数式的な観点からも LIME の動作原理を確認してみましょう。

LIME では、説明対象データ x と説明対象モデル f に対して、解釈可能な局所的な近似モデル g を獲得することで、説明 $\xi(x)$ とします。この関係を式で表現するとこのようになります[2]。

$$\xi(x) = \underset{g \in G}{\operatorname{argmin}} \left(L(f, g, \pi_x) + \Omega(g) \right)$$

ここで、L はモデル f と近似モデル g の乖離度を測る指標、Ω は g に対する正則化項です。目的関数の主要部である $L(f, g, \pi_x)$ を理解していく前に、LIME での特徴量の扱いについて解説します。近似モデル g では、データをすべてバイナリベクトルで扱い、説明対象データ x の特徴量と同じ値であれば 1、そうでなければ 0 としたデータ構造を定義します。

例えば、元のデータ構造が「特徴量 1：年齢」「特徴量 2：居住地」である説明対象データ x =(20 代 , 東京) を考えます。この場合、近似モデル g で扱うバイナリベクトル空間では、「特徴量 1：年齢が 20 代であること」「特徴量 2：居住地が東京であること」を表し、x は x'=(1, 1) に変換されます。このように変換することで、最終的な説明において、「年齢が 20 代であること」や「居住地が東京であること」を直接的に表現できるようになります。

$L(f, g, \pi_x)$ の解説に戻ります。図 **4.1** で理解したように、予測対象データ x の周辺に近傍データ Z を生成します。例えば「特徴量 1：年齢」を変えた（摂動させた）z_1= （30 代 , 東京）のような

2　Ω(*g*) は、説明に使用するモデル *g* が複雑になりすぎないような制約を表します。

近傍データを生成して、バイナリ化したベクトル $z_1'=(0, 1)$ を得ます。このとき、$f(z)$ と $g(z')$ が近ければ、説明対象モデル f の近似モデル g を得たと言えます。この f と g の乖離度を式で表現したものが $L(f, g, \pi_x)$ であり、次のように表すことができます。

$$L(f, g, \pi_x) = \sum_{z, z' \in Z} \pi_x(z) \left(f(z) - g(z') \right)^2$$

$$\pi_x(z) = \exp(-D(x, z)^2/\sigma^2)$$

ここで、$\pi_x(z)$ は生成したデータ z と説明対象データ x の距離を表す関数であり、生成したデータの重みと捉えることができます。最終的に、局所的なモデル g を説明結果 $\xi(x)$ として出力します。g が線形モデルの場合、特徴量に対する回帰係数がその特徴量の寄与度となります。LIME のライブラリにおいて、デフォルトでは g のパラメータ推定にはリッジ回帰[3]が用いられます。

4.2.2 データ種別ごとの動作原理

LIME のコンセプトと基本的な動作原理は上記のとおりですが、データ種別ごとに提供されたライブラリによって、近傍データの生成方法が異なりますので、それぞれ解説します。

●テーブルデータ版 LIME の場合

テーブルデータ版 LIME では、広く表形式データの入力を受け付けます。LIME への入力が表形式になっていれば、加工前の状態が画像やテキスト形式等を含めどのようなデータであっても、入力することができます。

近傍データは、4.2.1 節で説明したように、特徴量の値を摂動させて生成します。具体的には、学習データを LIME に事前に入力し、各特徴量がとりうる値や統計的な計算情報をもとに近傍データを生成します。その際、数値データは離散化するのが一般的です。摂動そのものは、近傍に限らず各特徴量がとりうる空間全体でランダムにデータを生成します。ただし、説明対象データとの距離が近いデータを重要視するように近似モデルを学習することで、実質的に近傍データを生成していることになります。

●画像データ版 LIME の場合

画像データ版 LIME では、画像データの入力を受け付けます。通常、画像データを AI モデルに入力する場合は、各画素に対応した RGB 値を使用しますが、画素単位で説明を行おうとする

3　リッジ回帰は正則化項のある重回帰分析であり、重みパラメータ（LIME では説明結果となる値）の推定が比較的安定する特徴があります。

と計算量が膨大になってしまいます。また、得られる説明結果も、画素単位では解釈が難しくなります。そのため画像データ版LIMEでは、画像を「セグメント」と呼ばれる領域に分割し、セグメントごとに判定への寄与度を算出します。

近傍データの生成は、セグメント単位で画像を削除することで行います。実際に画像の一部を削除すると入力できなくなってしまいますので、通常は白や黒、画像中のRGB値の平均などで塗りつぶすことで、そのセグメントの特徴を無効化して、削除したものとして扱います。

●テキストデータ版LIMEの場合

テキストデータ版LIMEでは、単語などの粒度に分かち書きされた自然文や、文書に含まれる単語の有無や頻度を表すデータ（Bag of Words表現のデータ）の入力を受け付けます。

テキストデータ版LIMEにおいて近傍データは、説明対象の文の中にある単語を隠すようにして作成します。これは、テキストに記載される可能性のある語彙数は膨大であり、テーブル版LIMEのように全特徴量（とりうる単語すべて）を摂動させてしまうと、近傍と見なせるデータを適切に作ることができないからです。なお、文中の語彙数が膨大でも、データの生成にかかる計算時間は抑えることができます。

テキストデータ版LIMEには、2つのポイントがあります。まず第1に、出現している単語のみが摂動の対象になるため、「ある単語が書かれていないこと」を説明として出力することはできません。そのような説明が必要な場合には、テーブルデータ版LIMEの使用を検討する必要があります。

もうひとつのポイントは、入力は必ずしもテキストデータでなくてもよい点です。テキストデータ版LIMEは、一般化するとスパースデータ（高次元で値がほとんど0のデータ）に対して有効です。例えば、ECサイト上の購買履歴の分析はスパースデータとなるため、テーブルデータ版ではなくテキストデータ版のLIMEをXAI手法として使うことが考えられます。

4.2.3 LIMEの特徴と留意点

ここまで説明した中で、LIMEには説明対象のAIモデルの種類に制約がありませんでした。これがLIMEの最大の利点です。ほかのXAI技術の多くは、特定のモデル構造を前提としているため、モデルが変われば説明方法も変える必要があります。例えば、モデル構築の初期段階では、使用するAIモデルが変わることがありますが、LIMEであれば他のXAIに変える必要はありません。

また、AIモデルの種類に制約がないため、前処理も含めて、説明対象のモデルとすることができます。例えば、特徴量の標準化や主成分分析によって、データの生の値とは異なる値がAIモデルに入力されることがありますが、そのような前処理部分も含めてAIモデルとみなすことにより、生データに対する説明を算出することができます。

LIMEは上記の理由から気軽に使える手法ではありますが、一方で留意点もあります。次に挙げる3点には、特に留意する必要があります。

①説明が一定にならない

近傍データをランダムに生成するため、一般的に、説明結果が毎回異なります。LIMEのランダム性は近傍データの生成のみに由来するため、近傍データの生成数を増やせば、結果のばらつきを抑えることができます。

②ハイパーパラメータの調整が必要

LIMEには、分析者が設定するハイパーパラメータがあります。特に近傍データに関するパラメータ（データ数や範囲等）は説明結果を左右するため、適切に調整する必要があります。

③的確に説明できないケースがある

データ構造やモデル構造上、局所的な説明を生成できない場合があります。ハイパーパラメータを調整してもだめな場合、他の手法を検討することも大切です。

4.2.4　LIMEについてのまとめ

LIMEは、任意のAIモデルやデータに対して判断根拠を算出できるXAI技術であり、その手軽さと柔軟性から有用な手法です。また、動作原理も直感的に理解でき、データを摂動させて感度を調査する方法論は、他のXAI手法にも共通する考え方です。4.2.3節で解説した点に留意しながら、利点を生かして活用していくことが望まれます。具体的な使い方は、第6章（テーブルデータ版LIME）、第7章（画像データ版LIME）、第8章（テキストデータ版LIME）で紹介しています。第6、7、8章で実際に動かしながら、勘所を身に着けていきましょう。

4.3 技術紹介② SHAP

SHAPは、モデルの個々の予測結果を説明するための手法であり、LIMEと同様に、予測に対する各特徴量の寄与度を算出することができます。ゲーム理論における個々のプレイヤーの寄与を算出する「シャープレイ値」がベースになっており、「各特徴量の寄与の総和が予測値に一致する」といったように、望ましい自然な性質を満たします。一般にシャープレイ値を効率よく計算することは困難ですが、SHAPではアルゴリズムを工夫したり説明対象モデルの特性を活かしたりすることで（場合によっては近似的な）寄与度の算出を行います。

4.3.1 シャープレイ値とは?

はじめに、SHAPのベースになっているシャープレイ値について簡単に説明します。シャープレイ値は、ゲーム理論において個々のプレイヤーの寄与を算出する仕組みであり、次のような状況を想定します。

1. 複数のプレイヤー $N := \{i = 1, 2, ..., n\}$ がいて
2. すべてのプレイヤーの部分集合（= 提携）S に対して、「その提携に対する報酬」$v(S)$ が定められている

このときに、全体の提携に対して与えられる報酬を、各プレイヤーに「公平」に配分した結果を求めるのがシャープレイ値です[4]。

例えば、2人のプレイヤーからなる**表4.2**のような状況を考えてみます。この場合、プレイヤー1,2は単独ではそれぞれ4,6の報酬を得られるので、プレイヤー1,2がともに参加した場合は「全体の報酬（=12）を4対6に配分する」と考えるのがひとつの案です。しかしプレイヤー1からすると、自分が協力することでプレイヤー2の報酬を6から12に大きく上げるわけですから、これでは満足できないようにも見えます。

表4.2 2プレイヤーの参加による報酬

プレイヤー1	プレイヤー2	報酬
不参加	不参加	0
参加	不参加	4
不参加	参加	6
参加	参加	12

4 実際には、報酬vは空集合に対して0を返すことや、優加法性といった性質を満たすことを仮定します。しかし、SHAPの導入時にはこれらの仮定は外されるため、ここでは省略します。

一方、シャープレイ値は次のように定義されます。

$$\phi(i) := \sum_{S \subseteq N \setminus \{i\}} d(S)\left(v(S \cup \{i\}) - v(S)\right)$$

$v(S)$ は提携 S に対する報酬だったので、$v(S \cup \{i\}) - v(S)$ はプレイヤー i が提携 S に新たに加わることによって生じる報酬の増加を表し、式全体では、あらゆる提携 S の場合における報酬増加の重み付き平均をとっていることになります。ここで、d は S のサイズによって定まる重みになっていて、次のように定義されます。

$$d(S) := \frac{|S|!(n - |S| - 1)!}{n!}$$

この d は、n 個のものの任意の順番での並べ方 $n!$ のうち、(S の要素の並べ方) → i → (残りの要素の並べ方) の順番になる並べ方の割合に相当しています。

以上のことを踏まえると、プレイヤー i のシャープレイ値は「全プレイヤーを一人ずつ加えていく全ての並べ方を考えたときに、i を加えたときに得られる報酬の増分の平均値」といったように、直感的に理解することができます。表4.2の例に適用すると、重み d の値は常に1/2となり、次のように計算されます。

$$\phi(1) = \frac{(4 - 0) + (12 - 6)}{2} = 5$$

$$\phi(2) = \frac{(6 - 0) + (12 - 4)}{2} = 7$$

最初に検討した、全体の報酬を4対6に配分する方法だと、プレイヤー1の配分は4.8になりますから、シャープレイ値のほうがプレイヤー1に若干多く配分していることが分かります。

シャープレイ値は、次のような好ましい性質を持っています。

①全体合理性

各プレイヤーに配分されたシャープレイ値の総和が、全体の提携に対する報酬に一致します。

②対称性

同じ働きをするプレイヤーには、同じシャープレイ値が配分されます。ここで「同じ働きをする」とは、プレイヤー i, j 以外の N-2 人のプレイヤーの部分集合からなる提携に対して、プレイヤー i を追加した場合の報酬とプレイヤー j を追加した場合の報酬が等しいことを意味します[5]。

5　式で書くと、$\forall i, j\ \forall S \subseteq N \setminus \{i, j\},\ v(S \cup \{i\}) = v(S \cup \{j\})$ のようになります。

③ダミープレイヤーのゼロ報酬

働きをしないプレイヤーには、シャープレイ値0を割り当てます。ここで、「働きをしない」とは、プレイヤー i 以外の N-1 人のプレイヤーの任意の部分集合からなる提携に対して、プレイヤー i を追加しても報酬が増加しないことを意味します[6]。

④加法性

v とは別に、もうひとつの任意の報酬 w を与えたとき、これら2つの報酬の和に対して算出された各プレイヤーのシャープレイ値は、元の2つの報酬それぞれに対して算出された各プレイヤーのシャープレイ値の和に一致します。すなわち、報酬 v から各プレイヤーのシャープレイ値 $\phi_v(i)$ が算出され、もうひとつの報酬 w から $\phi_w(i)$ が算出されるとき、$v + w$ からなる提携ゲームにおける各プレイヤー i のシャープレイ値は $\phi_v(i) + \phi_w(i)$ となります。

実は、シャープレイ値は上記の性質を満たす唯一の配分方法であることが示されており、このことが、シャープレイ値を報酬の配分方法として採用する根拠となっています。

4.3.2 SHAPのコンセプト

ここからは、シャープレイ値の考え方をベースにしたSHAPの説明に入っていきます。n 次元の実数値で表される予測対象データ $x \in \mathrm{R}^n$ および学習済みモデル $f{:}\mathrm{R}^n \to \mathrm{R}$ が与えられたとします[7]。目的は x の予測における n 個の特徴量それぞれの、寄与 ϕ_i を算出することです。つまり、モデルの予測値 $f(x)$ に対して、次の式を満たすような各特徴量の寄与 $\phi_1, \cdots, \phi_n$ を算出します。

$$f(x) = \phi_0 + \sum_{i=1}^{n} \phi_i$$

ここで ϕ_0 は、x によらず共通して用いられるバイアス項であり、モデルの予測値の期待値に相当します。SHAPは ϕ を求めるためにシャープレイ値を利用します。そのアイデアはシンプルで、協力ゲームの状況設定を次のように読み替えることです。

プレイヤー → 特徴量

報酬 → モデルの予測値

SHAP値の定義は、次のシャープレイ値の定義式と本質的には同じです。

$$\phi(i) := \sum_{S \subseteq N \setminus \{i\}} d(S)\,(v(S \cup \{i\}) - v(s))$$

6 式で書くと、 $\forall i\, \forall S \subseteq N \setminus \{i\},\ v(S \cup \{i\}) = v(S)$ のようになります。

7 ここでは簡単にするために、データは n 次元の実数値をとるものとしていますが、実際には任意の集合に対して定義することができます。

この式において、以下のように解釈すれば、SHAPの定義式に読み替えることができます。

- S：用いる特徴量の集合
- $v(S)$：徴量のみを使用したときのモデル予測値

問題は「一部の特徴量Sのみを使用したときのモデル予測値」の定義ですが、これは使用する特徴量の値の一部を元の入力xに固定した場合の条件付き期待値として定義します。

$$v(S) := E_{x'}[f(x')|x'_i = x_i(i \in S)]$$

SHAP値は、このようにシャープレイ値をベースにして定義されたため、先に述べたような望ましい性質を備えています。AIモデルの説明という目的から考えると、以下の性質が特に重要になります。

一致性

個々の特徴量のSHAP値の総和が、モデル予測値の期待値からのずれに一致します。これは、シャープレイ値の一致性から導かれます。シャープレイ値の文脈では、報酬関数は空集合に対して0をとるように定められていました。これに対しSHAP値の文脈では、$v(S)$の値は空集合に対して、予測値の期待値$\phi_0 = E_x[f(x)]$をとります。そのため、個々の寄与の総和は全体の報酬そのものではなく、この予測値の期待値を差し引いたものに一致します。

加法性

複数の部分モデルの予測値の総和を出力するモデルのSHAP値は、部分モデルのSHAP値の総和に一致します。これは、シャープレイ値の加法性を言い換えたものです。この性質によって、複数のモデルを組み合わせる機械学習モデル（アンサンブルモデル）に対するSHAP値の計算を、個々のモデルのSHAP値の計算に帰着させることができます。

一貫性

データxに対して2つのモデルf,gのSHAP値を算出する状況を考えます。ある特徴量iについて、iを除いた任意の特徴量$S \subseteq N \setminus \{i\}$に次の式が成り立つとします。

$$v_f(S \cup \{i\}) - v_f(S) \geq v_g(S \cup \{i\}) - v_g(S)$$

このとき、$\phi_f(i) \geq \phi_g(i)$となります。ここで、v_f, v_gおよびϕ_f, ϕ_gは、それぞれモデルf, gにおける報酬関数とSHAP値を表しています。これはモデルfにおいて、特徴量iを使うことによる予測値の増分がモデルgよりも一貫して大きい場合、算出される特徴量iのSHAP値も、モデルfのほうがモデルgよりも大きくなる、ということを主張しています。元のシャープレイ値の性質には含まれていませんが、加法性などから導くことができます。要点は次の2つです。

以上をまとめると、SHAP 値の要点は次の 2 点になります。

- SHAP 値は個々のデータの予測において算出され、予測値の期待値からのずれを、個々の特徴量の寄与に分解する
- ベースとなるシャープレイ値から引き継いだ、いくつかの望ましい性質を備えている

実際に SHAP 値を計算するには、定義式中の総和計算や、モデル予測値の条件付き期待値の計算が問題になりますが、これらを考慮してどのように計算するかについて次項で述べていきます。

4.3.3 SHAPの計算アルゴリズム

実際に SHAP 値を計算するにあたっては、以下の問題が生じます。

定義式の総和計算

SHAP 値の定義式はシャープレイ値と同じ形式になるので、このままでは特徴量の個数に関して指数個の項を計算する必要が生じてしまいます。そのため、直接この計算をしようとすると、扱える特徴量が 10 個から 20 個程度に制限されてしまいます。

予測値の条件付き期待値の計算

SHAP 値を求めるために、特徴量の部分集合がなす提携に対する報酬を定義しますが、これを次のような予測値の条件付き確率で定義していました。

$$v(S) := E_{x'}[f(x') \mid x'_i = x_i (i \in S)]$$

実データに対して、この計算をどのように行うかが問題になります。以下では、SHAP ライブラリに実装されている KernelSHAP と TreeSHAP を取り上げ、上記の問題点をどのように解決しているかを説明します。

● KernelSHAP

SHAP 値を定義式に従って計算する代わりに、重み付き線形回帰問題に帰着して解く方法です。モデルの形を仮定しないため、任意のモデルに適用可能です。

重みの値を工夫すれば、最適解が SHAP 値になるような問題を構築できるのですが、そのままでは問題のサイズが特徴量の指数の大きさになってしまいます。そのため、全ての部分集合を考える代わりに、一部のサンプリングのみを考えることで問題を近似します。

また、条件付き期待値については、特徴量同士が独立であることを仮定し、S に含まれない特

徴量については、元データの全体からランダムサンプリングすることで値を埋めてモデル予測値を算出し、その平均値を用います。この方法は予測データ x の周辺で局所的なモデルを構築するLIMEと同じアイデアに基づいています。目的関数の形を工夫することで、望ましい性質を持つSHAP値が得られるようにしたところがKernelSHAPの優れた点であると言えます。ただし実用的には、多くのデータ点に対して計算するには時間がかかりすぎてしまうため、注意が必要です。

● TreeSHAP

決定木モデルに対し、SHAP値の厳密な値を効率よく算出する方法です[8]。決定木に保持されている学習時の情報をもとに、予測値の条件付き期待値、および各特徴量のSHAP値を、動的計画法のアルゴリズムで効率的に計算します。

この計算は木の末端部分から根方向へとボトムアップに行われ、SHAP値定義式の全部分集合の総和計算において、サイズが同じ集合をまとめて計算することで、計算量を劇的に改善しています。 大きなアンサンブルモデルに対しても現実的な時間で計算でき、決定木モデルを扱う場合には必須のアルゴリズムになっています。

注意点として、決定木の情報として「条件付き確率」を使っているため、元データに合った結果が得られる一方で、シャープレイ値におけるダミープレイヤーに対する性質（使っても予測値が変わらない特徴量のSHAP値は0）は満たされなくなります。これは、ダミー特徴量が他の影響力のある特徴量と相関がある場合に、その間接的な影響による条件付き確率を使ってSHAP値が算出されるからです。このため、「xの予測において決定木上で1度も通っていないノードの特徴量が、0でない寄与を持つ（つまり予測に寄与している）ことがある」という、直感に反した結果を得る可能性があります。

ここまで、KernelSHAPとTreeSHAPについて解説しましたが、SHAPの計算アルゴリズムとしてはほかにも、ディープラーニングモデルに特化したDeepSHAPや、Integrated Gradientsの考え方を用いてSHAP値の近似値を計算する方法があります。これらについては本書では詳解しませんが、SHAPの公式ライブラリにドキュメントや関連文献が公開されていますので、ぜひ確認してみてください。

8　SHAP値の加法性から、決定木だけでなく、そのアンサンブルモデルであるランダムフォレストや勾配ブースティング木といったモデルに対しても適用可能です。

4.3.4 SHAPのまとめ

SHAP はゲーム理論にもとづいて、一貫性などの特性を持った自然な説明を行うことができます。AI モデルを理解していくうえで、非常に有力な XAI の候補になると言えます。

SHAP 値の厳密な算出には高い計算コストがかかりますが、近似的に計算する手法や、決定木などのアルゴリズムに特化した計算方法の提案により、解決が図られています。加法性の特性により、実用的に精度の高いブースティングツリー系の手法に実用的に精度の高い適用できることも大きな魅力です。

SHAP の使い方は第 9 章で学びます。本節を踏まえ、SHAP を使って様々な観点から AI モデルを解釈できるようになることを目指しましょう。

4.4 技術紹介③ Permutation Importance

どのようなAIモデルであっても、予測に対して「どの特徴量が重要なはたらきをしているか」を知ることは、非常に重視されます。そこで、様々なAIモデルにおける特徴量の重要度を計算するPermutation Importanceについて解説します。Permutation Importanceは、LIME/SHAPとは異なりモデルの特徴量に対する大局説明をするために、検証データの特徴量をランダムシャッフルすることで重要度を計算します。

4.4.1 Permutation Importanceのコンセプト

AIモデルを理解する観点のひとつは、予測に対して入力の特徴量がどの程度重視されているかを定量的に示す値であり、これを「特徴量の重要度（Feature Importance）」と呼びます。例えば機械学習ライブラリscikit-learnの場合、RandomForestClassifierなどのモデルには、**図4.2**のように特徴量の重要度を出力する機能が備わっています。

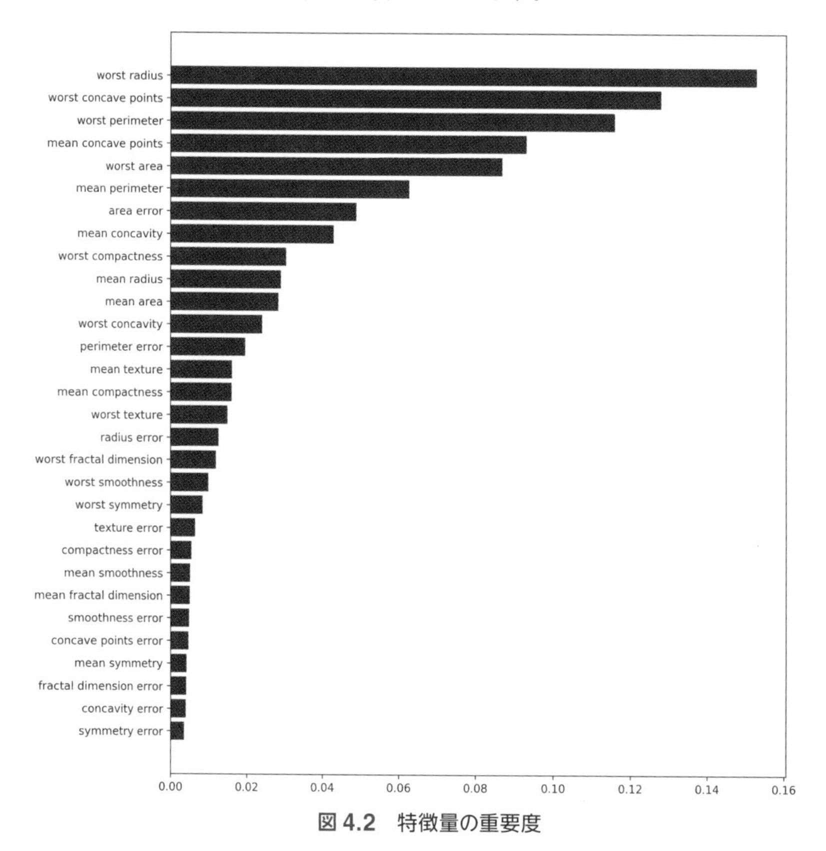

図4.2　特徴量の重要度

特徴量の重要度は、どのようなアルゴリズムであっても、AIモデルを理解するうえで大切な観点です。そこで用いられるXAI技術が「Permutation Importance」であり、次のように入出力データを用いて、あらゆるAIモデルの特徴量の重要度を算出することができます。

●重要度の算出方法

Permutation Importanceは、**表4.3**のように、データセットにおいて確認したい特徴量の値（この例の場合は特徴量E）をランダムに並べ替えます。バラバラとなった特徴量は、モデルにとってノイズのように役に立たないものとなります。もし、並べ替えによってAIモデルの予測誤差が増加する場合、予測はその特徴量に依存していたこととなり、重要な特徴量であると言えます。具体的な算出手順は、以下のように表すことができます。

①ベースラインの予測誤差の計算

結果データに対する分類の最小二乗誤差など、元のモデルの予測誤差 $e_{base}(f)$ を求めます。ここで、X は入力される特徴量、$f(X)$ はモデルの予測値、y は目的変数の値であり、L(f(X), y) はモデル予測値と目的変数値の予測誤差の評価指標を表しています。

$$\mathrm{e}_{base}(f) = \mathbb{E}L(f(X), y)$$

②特徴量Eを並べ替えた特徴量行列の生成

X の特徴量Eの列を並べ替えた特徴行列 X_E を生成します。

③並べ替え後の予測誤差の計算

並べ替え後の特徴行列を用いた場合の予測誤差 $e_{perm}(f)$ を計算します。

$$\mathrm{e}_{perm}(f) = \mathbb{E}L(f(X_E), y)$$

④重要度の算出

並べ替え前後の予測誤差の比率により、特徴量Eの重要度 FI_E を算出します。

$$\mathrm{FI}_E = \frac{e_{perm}(f)}{e_{base}(f)}$$

⑤すべての特徴量の重要度の算出

上記②～④の計算を、すべての特徴量A, B, …, Gについて繰り返し、モデル f における特徴量の重要度を出力します。

表4.3　Permutation Importance算出のために特徴量Eを並べ替えたデータセット

特徴量A	特徴量B	特徴量C	特徴量D	特徴量E	特徴量F	特徴量G
A1	B1	C1	D1	E10	F1	G1
A2	B2	C2	D2	E94	F2	G2
A3	B3	C3	D3	E48	F3	G3
…	…	…	…	…	…	…

4.4.2 Permutation Importanceの特長と留意点

Permutation Importanceは、簡潔な表現でAIモデルを理解できる強みがあります。その一方、出力された重要度を厳密に解釈するためには、いくつかの留意点を踏まえなければなりません。

●モデル理解につながる特長

以下の特長が、モデルの振る舞いに対する簡潔で手早い理解につながっています。

- **シンプルなモデル表現**
  AIモデルの大局的な振る舞いがシンプルな表現に凝集されるため、直感的で分かりやすい。
- **比較可能な計算方法**
  並べ替え前後の誤差増分の比率で重要度を算出するため、重要度の測定値を様々な問題間で比較できる。
- **再学習が不要**
  並べ替えたデータでの予測誤差が計算できればよいので、モデルの再学習が不要であり、重要度を高速に算出できる。

●モデル理解における留意点

上記のような特長がある一方で、厳密な解釈という観点からは以下の課題があるため注意が必要です。

- **並べ替えのランダム性に依存する**
  特徴量の並べ替えはランダムに行われ、都度、結果が大きく異なる場合がある。計算を繰り返して平均を求めれば安定した結果が得られるが、その分計算時間は長くなる。
- **同一傾向を持つ特徴量により補われる**
  同様の傾向を判断できる他の特徴量が存在する場合、並び替えてもその特徴量に代替され、正しい予測が行われて誤差が緩和されてしまうため、重要度が低く算出される。
- **主効果と交互作用を分離できない**
  特徴量単独の主効果と、他の特徴量との交互作用の両方による影響が合わさって算出されるため、それぞれの重要度を分離できない。

4.4.3 Permutation Importanceのまとめ

Permutation Importanceは、簡潔な仕組みによってモデルの対極的な傾向である特徴量の重要度を理解できる説明手法であり、そのシンプルさによってあらゆるモデルに適用できる有用性の高さに強みがあると言えます。

4.5 技術紹介④ Partial Dependence Plot

AI モデルにおける入出力の関係性を知ることは重要ですが、複雑な内部ロジックから解析的にそれを求めるのは非常に困難です。そこで本節では、入出力データを用いて、特徴量の変化が予測へ及ぼす影響を図示する Partial Dependence Plot と Individual Conditional Expectation について解説します。

4.5.1 PDP / ICEのコンセプト

AI モデルの特徴量については、単に重要かどうかを知るだけでなく、その変化が予測にどのような影響をもたらすか理解しておくことが必要です。Partial Dependence Plot（PDP）は、特徴量やその組合せが予測結果に与える変化の量（限界効果）を図示します。また、PDP がデータの集合を用いて 1 つのグラフを描画するのに対して、関連する XAI 技術である Individual Conditional Expectation（ICE）では、データのインスタンス単位に複数のグラフを描画します。

● Partial Dependence Plot の仕組み

PDP は、着目する特徴量の値を変化させたときの予測を繰り返して、描画を行います。例えば、**表 4.4** のデータで、特徴量 E の PDP を描画したい場合には、特徴量 E の値を E1,E2,…と順次変化させて AI モデルの予測値を算出します。学習済みモデルを f、変化させる特徴量を X_E、X_E 以外の固定する特徴量を $x_C^{(i)}$（i 番目のデータでの値）とすると、特徴量 X_E の PDP は次式のようにデータごとの予測値の平均で表されます。

$$\mathrm{pdp}(x_E) = \frac{1}{n}\sum_{i=1}^{n} f\left(x_E, x_C^{(i)}\right)$$

特徴量 X_E を変化させるグラフに出力すると、**図 4.3** が得られます。図中の太線で表されるような、特徴量と予測結果の関係性を確認することができます。

表 4.4　Partial Dependene Plot の描画のための特徴量 E の調節

特徴量 A	特徴量 B	特徴量 C	特徴量 D	特徴量 E	特徴量 F	特徴量 G
A1	B1	C1	D1	E1, E2,	F1	G1
A2	B2	C2	D2	E3, E4,	F2	G2
A3	B3	C3	D3	E5, E6	F3	G3
…	…	…	…	…	…	…

● Individual Conditional Expectationの仕組み

PDPでは、データごとにAIモデルが出力する予測値の平均を求めることで、特徴量ごとの予測への影響を1つのグラフで表現していました。しかし、予測への影響は、インスタンスによって異なる傾向を示す場合があります。そこでICEは、**図4.3**のように、データごとに個別にグラフを描画します。PDPでは埋没してしまう、一部のデータのみで現れる関係性も、ICEからは読み取ることができます。

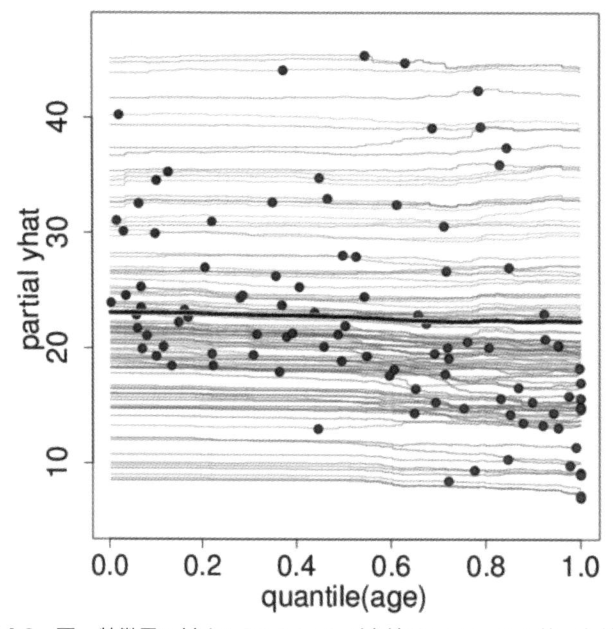

図4.3　同一特徴量に対するPDPとICE(太線はPDP、その他の各線はICE)

(出典：Peeking Inside the Black Box: Visualizing Statistical Learning with Plots of Individual Conditional Expectation)

●説明できるデータ条件

PDPおよびICEは、表形式のデータに対して使用できます。出力にはモデルの予測値やその確率値を使用するため、回帰と分類の双方に対してグラフを描画できます。また、AIモデルについては、アルゴリズム依存性がなく適用できます。

4.5.2 PDP/ICEの特長と留意点

PDPおよびICEそれぞれの特長と留意点を挙げていきます。XAI手法として最大限に活用するためには、PDPによる直感的な理解を生かしつつ、不十分な点をICEで補っていくことが大切だと考えられます。

●モデル理解につながる特長

PDP や ICE には以下のような特長があるため、モデル理解に優位な手法として強みがあると言えます。

- **直感的なグラフ**
  着目する特徴量の変化が予測出力へ与える影響をシンプルに描画するため、その傾向を直感的に理解できます。
- **因果関係を把握できる**
  一般に、特徴量の相関関係だけでなく因果関係にまで言及できる手法は限られますが、PDP は特徴量を変化させたときの出力を描画するため、特徴量に起因する予測への因果関係として導かれた結果であると解釈できます。

●モデル理解における留意点

以下のとおり、PDP と ICE にはそれぞれ苦手とするケースがあるため、互いを補い合うように組み合わせることが重要になります。

- **他の特徴量への依存性を評価できない**
  PDP は（ICE も）、各特徴量が独立しており相互に依存性がないことを前提に計算される仕組み（限界効果の計算）です。そのため、他の特徴量への依存性がある場合に、その特徴量が予測へ与える固有の影響を正しく出力することができません。
- **増加と減少の影響が相殺される（PDP のみ）**
  PDP はデータごとの平均をとって算出する仕組みなので、特徴量の変化によって増加と減少の両方に作用するデータがある場合には、双方の影響が相殺されて埋没してしまいます。解決のためには、ICE によるデータごとのグラフ描画が必要です。
- **グラフが多重になり全体傾向が把握しづらい（ICE のみ）**
  ICE はデータごとにグラフを描画するため、グラフが多重となり視認性は低くなります。特に全データでの特徴量の傾向を把握したい場合には、単一のグラフを描画する PDP を用いるべきと考えられます。

4.5.3　PDP / ICEのまとめ

PDP は、入力の変化が出力へどの程度影響するかをグラフの形で直感的に理解できるため、多岐にわたるシーンでの活用が期待されます。ICE は一部データのみに現れる傾向も埋没させずに出力できることに価値があり、全体傾向を把握する PDP と組み合わせることで、高い利用効果が得られます。

4.6 技術紹介⑤ Tree Surrogate

AIは複数の特徴量を組み合わせた判断に基づき、予測を行います。AIを理解するうえで、その判断ロジックを理解することは最大の関心事だと言えます。複雑なAIモデルを直接理解するのは困難ですが、入出力の大まかな傾向を解釈可能なモデルで再現して、概要を掴むことは可能だと考えられます。本節では、決定木により代理モデルを構築するTree Surrogateについて解説します。

4.6.1 Tree Surrogateのコンセプト

ディープラーニングのように複雑な仕組みを相手にして、内部の判断条件を理解することは極めて困難です。そこで、複雑なAIモデルの入出力を、解釈しやすい別のモデルによって模倣し、そのモデルを代理にすることで、判断ロジックを解釈する方法が考えられます。なかでも、判断ロジックを条件分岐のツリーで表現できる決定木によって代理モデルを構築するTree Surrogate（決定木代理モデル）がXAI技術として提案されています。

●決定木代理モデル

決定木代理モデルは、入力の特徴量とAIモデルの予測結果を用いて決定木の学習を行い、図**4.4**のような決定木モデルを生成します。ルートノード（特徴量X3の記録有無）から葉ノード（年収$50K以上か$50K未満を予測）に至るまでの過程を見ることで、複雑なAIモデルのおおよその判断条件を掴むことができます。

●代理モデルの再現性

「代理モデルによって複雑なAIモデルを説明できる」と見なせるためには、代理モデルの忠実度[10]が高いことが前提となります。つまり、多くの入力データに対して、「代理モデルの予測結果が説明対象モデルの予測結果と一致すること」が求められます。忠実度を測る尺度には様々な方法が考えられますが、例えば決定係数を用いた場合は、以下の式によって定量化できます。

$$R^2 = 1 - \frac{\sum_{i=1}^{n}(\hat{y}_*^{(i)} - \hat{y}^{(i)})^2}{\sum_{i=1}^{n}(\hat{y}^{(i)} - \bar{\hat{y}})^2}$$

i番目データでの代理モデルの予測を$\hat{y}_*^{(i)}$、説明対象モデルの予測を$\hat{y}^{(i)}$として、説明対象モデ

10 忠実度については、第5章で解説しています。

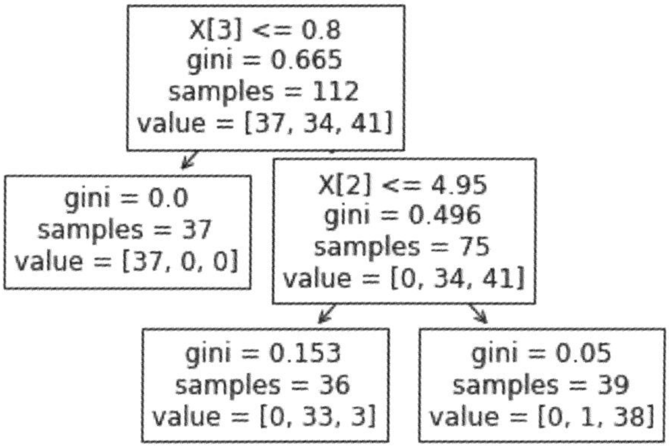

X[3] <= 0.8
gini = 0.665
samples = 112
value = [37, 34, 41]

gini = 0.0
samples = 37
value = [37, 0, 0]

X[2] <= 4.95
gini = 0.496
samples = 75
value = [0, 34, 41]

gini = 0.153
samples = 36
value = [0, 33, 3]

gini = 0.05
samples = 39
value = [0, 1, 38]

図 4.4 決定木代理モデル内部の判断ツリー

ルによる予測の平均 $\bar{\hat{y}}$ を用いて決定係数 R^2 を算出します。決定係数 R^2 が 1 に近い場合、代理モデルは説明対象モデルの動作をよく近似しています。一方、決定係数 R^2 が 0 に近い場合、代理モデルは対象の AI モデルを忠実に近似できているとは評価できないでしょう。

●説明できるデータ条件

Tree Surrogate は、表形式データを予測する AI モデルに対して適用できます。また、入力の特徴量と AI モデルの予測結果のみを用いて代理モデルを生成するため、説明対象モデルのアルゴリズムに対する依存性はありません。

4.6.2 決定木代理モデルの特長と留意点

Tree Surrogate には以下の特長と留意点があります。簡単かつ柔軟に判断条件を理解できる一方で、複雑な AI モデルそのものを直接理解している訳ではないことについて、十分に承知しておく必要があります。

●モデル理解につながる特長

Tree Surrogate には以下のような特長があり、その簡便さや柔軟性は手軽なモデル理解につながる価値があります。

- **AI モデルと同じプロセスで実行できる**

  代理モデルの生成は、入力となる特徴量と AI モデルの予測結果を用いた機械学習によって実現されます。これは、AI モデル自体の学習プロセスと何ら変わらないため、実装や理解のハードルが低く、容易に適用できます。

●**決定木以外も柔軟に組み合わせ可能**

Tree Surrogateは決定木で代理モデルを生成する手法ですが、適用するアルゴリズムは特に制限されないことから、複数の手法を並行して検証できます。

●**説明の再現性を定量的に測ることができる**

上述のとおり、代理モデルの再現性について、決定係数などを定式化可能なため、AIモデルをどの程度理解できる説明になっているかを定量的に測ることができます。

●モデル理解における留意点

Tree Surrogateによるモデル理解には、以下の点に注意が必要であり、それを踏まえて活用しなければなりません。

● **AIモデルそのものを説明していない**

代理モデルは、入出力データから導かれる関係性を、複雑なAIの代わりに説明する技術であり、AIモデルそのものを読み解いたものではないため、内部の仕組みに対しての改善を行う目的には適しません。

●**高い再現性が必要**

代理モデルの説明を、実用に足りるものとして受け入れるためには、その再現性の高さが求められます。どこまで容認されるかの具体的な基準はケースごとの判断となるため、事前に合意しておくべきです。

4.6.3 決定木代理モデルのまとめ

本節では、代理モデルを使ってAIを理解する手法の中でも、特に決定木を用いて判断の条件分岐を明らかにしていくTree Surrogateについて説明しました。仕組みが単純で柔軟性が高いことから、手軽に利用できると評価できます。また、忠実度などの評価指標を用いることで、説明の妥当性を定量的に測ることが可能だとも言えます。

一方、代理モデルはあくまでも「AIモデルの代わりに説明するもの」であることを承知しておく必要があります。モデル内部の構造へ手を入れていくような改善を期待する場合には、代理モデルの説明は活用しづらいと言えます。このような注意事項はありつつも、AIモデルの判断について大まかな傾向を理解したいというニーズは高いと思われるため、Tree Surrogateをはじめとした代理モデルの活用が期待されます。

4.7 技術紹介⑥ CAM / Grad-CAM

本節では、畳み込みニューラルネットワーク CNN（Convolutional Neural Network）による画像識別の判断理由が合理的であることを、特徴マップと全結合の重みに基づいて説明する手法を紹介します。その手法は CAM（Class Activation Mapping）といいます。また、CAM の欠点であったネットワークアーキテクチャの制限を克服し、一般の CNN による分類モデルに対しても適用可能とした手法、Grad-CAM についても本節で解説します。

4.7.1 CAMのコンセプトと動作原理

まず、CAM を理解していくために、CNN モデルがどのように画像を分類するのか、簡単に解説します。近年の CNN の分類モデルの多くは**図 4.5** の上半分のように、Convolution 層（畳み込み層）、GAP（Global Average Pooling）、全結合層の 3 つに分かれています。Convolution 層は、畳み込み計算を行う Convolution や活性化関数の Activation を多層に積み重ねており、画像の特徴を取り出す機能を持っています。

Convolution 層の出力は「特徴マップ」と呼ばれ、多チャネルの画像状のデータになります。この特徴マップは、名前の通り Convolution により抽出された画像の特徴を捉えたデータになっています。CNN の分類モデルでは、最終的に一次元的な各クラスの予測値（スコア）を出力するために、特徴マップを一次元化する処理が必要です。そこで GAP は、多チャネルの画像状のデータである特徴マップを、画像の縦横について平均化して一次元化します。

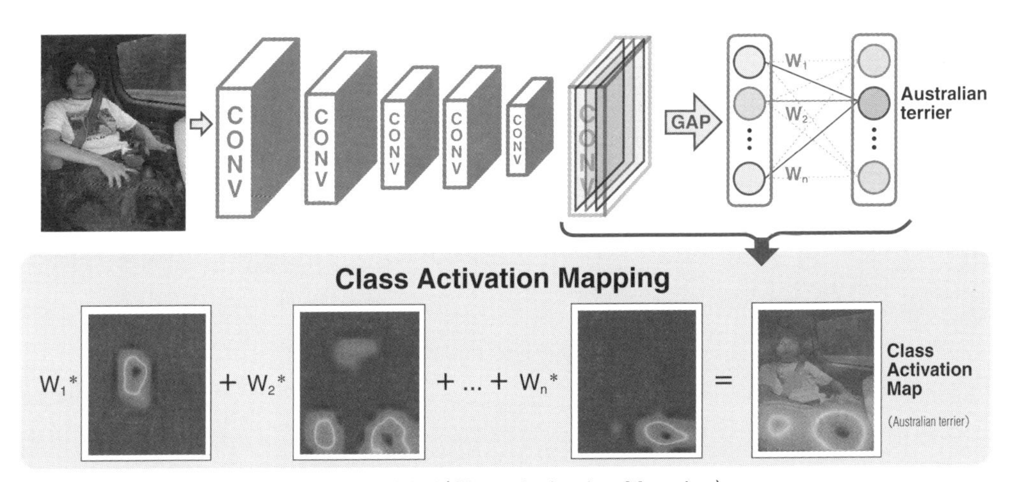

図 4.5 CAM(Class Activation Mapping)

（出典：Learning Deep Features for Discriminative Localization）

GAPにより一次元化された特徴マップは、その後の全結合層にて、予測クラスごとに $w_1, w_2, \cdots, w_n$ の重み付けによって結合されて、ソフトマックス関数により総和が1になるように変換された予測値となります。それぞれの予測クラスごとに生成された予測値の中で、最大のものが分類モデルの予測結果になります。

次に、CAMの原理とコンセプトについて解説します。

特徴マップには、CNNのネットワークが取り出した特徴が含まれています。そのため、この特徴を可視化すれば、説明を得られそうです。しかし、特徴マップのチャネルの次元は数千以上になることも多く、人間にとって理解しやすいものではありません。そのため、それらの特徴マップから有益な情報を得られるように可視化することが求められます。

分類モデルでは、GAP後の特徴マップに重み（w_k：k=1,2,$\cdots$,n）が乗算されていました。そのため、重みが大きいものが重要な特徴（特徴マップ）になります。CAMはこの発想をベースにして、**図4.5**の下半分にあるように、全結合層の重みを特徴マップそれぞれに掛けてから重ね合わせて可視化しようという手法です。この手法により、高次元の特徴マップを、人間の理解しやすい形で可視化できます。

また、CAMは特徴マップに重みを乗算した総和だけであるため、通常のCNNが予測を行う場合と、ほとんど計算量が変わらない点で優れています。汎用なXAIの手法であるLIMEやSHAPで説明を得る場合には反復計算が必要になるため、CAMに比べて圧倒的に計算量が多くなります。

その一方で、CAMを使用するためには、対象とするモデル（CNN）のネットワークがConvolution最終層の後にGAPを使用する構成であるという制約があります。

4.7.2 Grad-CAMのコンセプトと動作原理

CAMの欠点は、CNNの最後の層がGAPを使用しない分類モデルには適用できないことです。この問題を解決するために、Grad-CAMが提案されました。Grad-CAMは、CAMにおいて使われる全結合層の重みを、最後のConvolution層の勾配の情報で置き替えるものです。

図4.6にあるように、画像に対する分類タスクを考えます。モデルが予測分類したクラスをcとし、最終出力（ソフトマックス関数によって総和が1となるよう変換される前の値）を y^c とします。また、A をConvolutionの最終層の特徴マップとします。特徴マップのchannelについてのインデックスを k として、A^k を特徴マップのchannel k とします。また、特徴マップの幅widthと高さheightについてのインデックスを i, j として、A^k_{ij} を特徴マップのchannel k、width i、height j における値とします。y^c に対する A^k_{ij} の 勾配 $\frac{\partial y^c}{\partial A^k_{ij}}$ の値は、誤差逆伝搬の計算により求められます。これらの勾配の i, j についての平均 a^c_k は、以下のように表現されます。

$$a^c_k = \frac{1}{Z}\sum_{i,j}\frac{\partial y^c}{\partial A^k_{ij}}$$

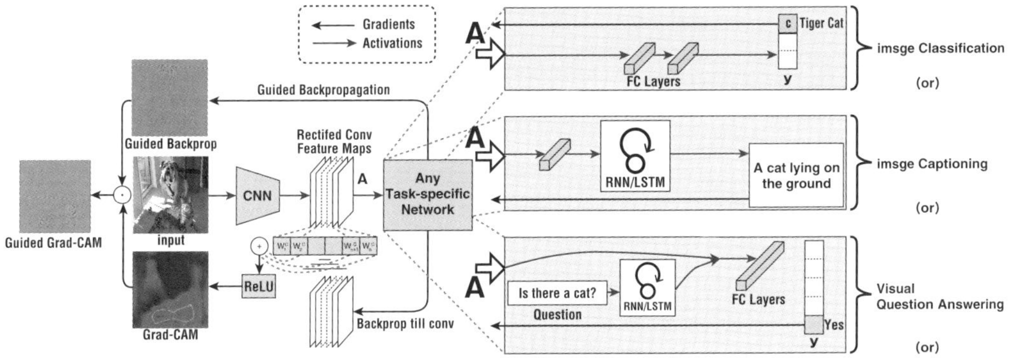

図 4.6　Grad-CAM

（出典：Grad-CAM: Visual Explanations from Deep Networks via Gradient-based Localization）

ここで、Z は平均をとるための特徴マップの width と height についての要素数とします。この a_k^c を使って、Grad-CAM は以下のように与えられます。

$$L^c_{Grad-CAM} = ReLU\left(\sum_k a_k^c \, A^k\right)$$

ただし、Grad-CAM は CAM とは若干異なり、ReLU を施したものを最終的な結果とします。Grad-CAM は、対象とするクラスに正の影響を与える特徴のみに関心があるものとして、特徴マップの線形結合に対して ReLU を適用することが提案されています。

この Grad-CAM は、GAP をもつ画像分類のモデルに対しては CAM の一般化になっており、a_k^c は w_k と同一になります（提案論文に詳細な証明が掲載されており、より深い理解を得ることができます）。本手法では、GAP がないネットワークに対しても Convolution 層の勾配を求めることが可能なため、画像の分類タスクに対してより広く適用できることが大きな利点です。

4.7.3 関連技術・派生技術

Grad-CAM は、関連・派生した XAI の手法が複数提案されています。ここではそれらの派生手法について概要を紹介します。

- **Guided Grad-CAM**

  これは、Grad-CAM に Guided Back-Propagation という手法を掛け合わせることで、入力画像のピクセル単位で可視化ができる手法です。Guided Grad-CAM は、Grad-CAM の提案論文内で同時に提案されています。

- **Grad-CAM++**

  画像に同じクラスが複数含まれている場合、Grad-CAM では適切な可視化が得られにくいことが指摘されています。これに対してGrad-CAM++は、特徴マップの画素ごとに重み付けをするように改良することで、同じクラスが複数含まれるケースに対して改善されています。

- **Score-CAM**

勾配を使うGrad-CAMは、入力層のごく小さな変化に対しても、過剰に大きな値を返してしまうケースが指摘されています。Score-CAMは、勾配を使わない可視化手法として提案されています。一度推論して得られた最終層の特徴マップを使って、入力画像にマスクをかけて再度推論を実行して、得られたスコアを重みとして使います。LIMEなどのサンプリングを行う可視化手法にも類似している手法です。

Grad-CAMは2016年に提案された比較的新しい手法であり、上記のような改良手法や類似手法が提案されています。ディープラーニングの登場自体が近年の出来事であり、画像認識技術の進展も著しいことから、今後も新たな関連技術や派生技術が登場する可能性があります。

4.7.4　CAM / Grad-CAMの対応モデル

4.7.1節でも記述したように、CAMは画像の分類モデルに対する手法であり、さらにGAPをもつモデルに限定されます。一方、Grad-CAMはより一般のモデルに適用できる手法であり、GAPを持たない画像分類のネットワークにも適用できます。

CNNは画像認識における基本的な技術になっており、現状では大半の画像認識タスクで広く使われていることから、Grad-CAMの適用範囲は非常に広いと言えます。その一方で、CAMとGrad-CAMの適用先はCNNに限られるため、CNN以前の古典的なモデル、あるいは近年画像認識以外の分野から派生したTransformerのような新たなモデルなどには適用できないことに注意が必要です。

4.7.5　CAMとGrad-CAMのまとめ

本節では、画像に対するXAIの手法の中でも、CAMとGrad-CAMについて理解していきました。CAMは、Convolution層の特徴マップを重み付けて可視化する手法であり、非常に単純ですが、他のXAI手法に比べ少ない計算量で効率的かつ安定した可視化を実現できます。そして、Grad-CAMはCAMにあった欠点を補うことで、より一般的なニューラルネットのモデルに適用できるように発展しており、非常に多くのタスクに対応しています。Grad-CAMなどCAMをベースとした画像の説明技術は、CNNモデルが幅広く使われる実応用のシーンにおいても十分に活用できると考えられます。

4.8 技術紹介⑦ Integrated Gradients

Integrated Gradientsは、モデルの出力値を入力値で微分した値（勾配）を使って、影響度を算出する手法です。back propagationで微分値を計算できるニューラルネットワークに対して、主に利用されます。本節ではIntegrated Gradientsの仕組みを説明していきます。

4.8.1 Integrated Gradientsのコンセプトと動作原理

出力に対する入力値の影響を計算するために、一般的には微分値を計算します。すなわち、入力値を多次元のベクトル $\mathbf{x}$ としたとき、出力値 $F(\mathbf{x})$ に対する i 番目の入力値 x_i の影響として、微分値 $\frac{\partial F(\mathbf{x})}{\partial x_i}$ を求めます。微分値が正に大きいほど、i 番目の入力値が出力に及ぼす影響が強くなるというのが直感的なイメージです。ところが、局所的な微分値のみを使うと、影響度として得るべき値と乖離することがあります。例えばニューラルネットワークで用いるReLUなどの関数は、微分値がゼロになってしまう範囲があります。

この状況を考慮して、Integrated Gradientsでは、影響度を考えたい入力 $\mathbf{x}$ に対して、基準となる入力値 $\mathbf{x}'$（例えば値がすべてゼロであるような入力）を考えます。そして、この基準 $\mathbf{x}'$ から入力値を x まで徐々に変化させた場合に微分値の総和（積分）が大きければ、影響が大きくなるものと考えます。具体的には、出力値 $F(\mathbf{x})$ に対する i 番目の入力値 x_i の影響度を、次のように計算します。

$$\text{IntegratedGrad}_i(x) = (x_i - x'_i)\int_{\alpha=0}^{1} \frac{\partial F(x' + \alpha \times (x - x'))}{\partial x_i}\, d\alpha$$

これは**図4.7**のように、積分経路として、基準となる入力 $\mathbf{x}'$ から $\mathbf{x}$ まで直線的にたどる経路を考えています。このような積分経路は複数存在しますが、Integrated Gradientsでは直線的な

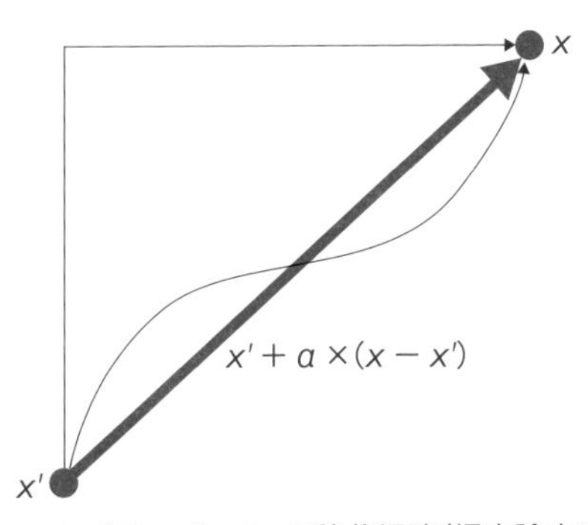

図4.7　Integrated Gradientsの積分経路（提案論文にもとづき再描画）

経路を考え、それぞれの点における微分値をこの経路沿いで積分します。ライブラリの実装では、等間隔に数十点程度の数値積分をすることで影響度を算出します。

このような経路を選択することでIntegrated Gradientsは、SHAPと同様にシャープレイ値の公理を満たす性質があります。つまり、Integrated Gradientsによる説明結果は、SHAPと同等の妥当性と解釈性を持ったものとして受け入れることができます。

4.8.2 Integrated Gradientsの対応モデル

Integrated Gradientsは、入力値についての出力の微分値を得られるモデルに適用でき、特にディープラーニングモデルに対応します。論文の著者が検証目的に実装したプログラムも存在しますが、PyTorchで実装したモデルについては、Captumライブラリに Integrated Gradientsの機能が実装されており、インタフェースなどが使いやすく整備されています。

Captumでは、Integrated Gradientsの派生として、中間層での出力値を用いて計算できるLayer Integrated Gradientsが実装されています。これを用いると、画像データを対象とする複数レイヤで構成されたCNNなどにおいて、モデルの途中の畳み込み層を対象としたり、あるいは、テキストデータを対象とするモデルでは、単語に対応する埋め込み層の出力を対象としたりして、説明を得ることができます。

4.8.3 Integrated Gradientsのまとめ

本節では、ディープラーニングモデルなどの出力に対し、入力値について微分（勾配）を取ることで説明を得るIntegrated Gradientsを見てきました。

Integrated Gradientsは、基準点からの単純な経路での積分計算を行うことで、SHAPと同様の妥当性と解釈性のある説明を得ることができます。説明できるモデルがディープラーニングなどに限られる制約はありますが、LIMEのようなランダムサンプリングが不要で、SHAPほどの計算量を必要としないため、比較的安定かつ高速に説明を得ることができます。多次元の数値入力によるモデルや、中間層に具体的な意味（テキストの埋め込み層など）を持つモデルなど、勾配の算出に特に価値がある場合に適していると考えられます。

4.9 技術紹介⑧ Attention

Attentionは主に回帰ニューラルネットワーク（RNN：Recurrent Neural Network）などの言語系モデルにおいて、入力した系列（入力文）の中で、（隣接する要素を超えて）相互に遠く離れた要素からの影響を取り込むことにより、モデルの性能を高める機構です。

Attentionは、RNN以外にもCNNなどの画像モデルに対しても用いられることがあります。Attentionはモデル内部での結びつきの強さを表す機構であるため、モデル内部での説明に利用することも期待できます。本節ではAttentionについて、モデル理解の側面から解説していきます。

4.9.1 Attentionのコンセプトと動作原理

本節では、RNNモデルに利用した場合を想定して、Attentionの動作原理を明らかにしていきます。

LSTM（Long Short-Term Memory）などのRNNは、隠れ層の情報が入力系列データに沿って順に伝播し（双方向RNNでは、入力系列の最後から逆向きにも伝わることにより）、伝播の最後の隠れ層の値を用いることで、文章生成・判別などのタスクに用いられます。この最後の隠れ層の値は、入力系列のすべての情報を要約したものと解釈できますが、一方で入力系列が長くなるほど要約の性能が落ちる傾向にあります。

そこでAttentionは、まずRNNで各要素の最終的な隠れ層の値を算出した後で、各要素の重みを用いた隠れ層の値の重み付き平均を改めてとり直します。RNNを入力系列のクラス判別に用いる場合の、最も簡易なAttentionの一例を**図4.8**に示します。RNNにより、系列の各要素の隠れ層の表現 $\mathbf{h}_1,\mathbf{h}_2,\ldots,\mathbf{h}_t$ を算出した後、それぞれの要素の寄与の大きさに相当する重み α を算

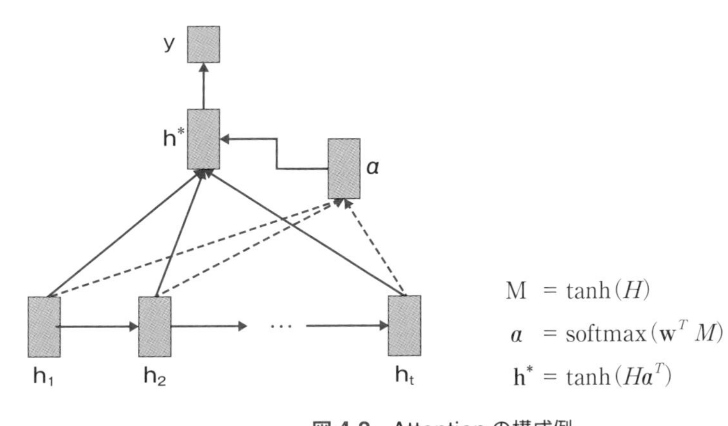

図4.8　Attentionの構成例

出し、この重みを用いて系列全体の要約 h^* を算出し直します。これによって、系列の長さによって生じる RNN の弱点を補い、系列全体から見て重要な関係性を反映することができます。

この Attention で計算される重み（上記の例では α）は、予測への寄与度が高い要素であるほど大きな値となる傾向があることが経験的に知られており、特に言語系モデルの予測結果の解釈に多く用いられます。

4.9.2 Attentionの対応モデル

Attention を利用した RNN/CNN のモデルでは、その Attention で計算される重みを用いてモデルを解釈することができます。また、主に言語系モデルとして近年高い精度上げている Transformer モデルでは、「Self-Attention」と呼ばれる構造を複数組み合わせた構造（Multi-Head Attention）を持っています。Multi-Head Attention は精度の向上に大きく寄与する仕組みですが、代償として、結果を解釈することが難しいという側面があります 。

4.9.3 Attentionのまとめ

Attention で算出される重みを使って、特徴量（系列の要素）ごとの重要度を算出するには、最初から Attention を組み込んだモデルでなければなりません。そのため、適用可能なモデルに幅のあるほかの手法と比べると、利用できるケースは限定的です。しかし、Attention を組み込んだ RNN/CNN モデルでは、予測に対する要素の重要度を算出することに主眼を置くため、モデルの振る舞いそのものを説明できていると言えます。

また、Attention を使ったモデルは、近年高い精度を上げて注目されていることから、利用シーンも増えていくと期待できます。

本章のまとめ

本章では、様々な XAI 技術について、説明の目的や仕組みを解説し、理解を進めてきました。それぞれの技術には特有のコンセプトがあり、説明したい目的に相応しい結果を得ることができます。

AI モデルを理解するためには、複数の XAI 技術を上手く組み合わせ活用していくことが重要です。この後のステップとしては、実際に XAI 技術を用いて、AI モデルやその予測結果を理解するための方法を身に着けていきます。第 6 章から第 10 章までは、目的やデータの種類が異なる様々なケースでの XAI 技術の使い方を、Python のサンプルコードとともに一つずつ動かしながら習得します。本章で学んだことと合わせて、実践的に XAI を使いこなしていきましょう。

第5章

XAIライブラリの評価・選定

XAIのライブラリは、第4章で紹介したものを筆頭に数多く公開されており、たくさんの候補から目的に合致した技術を的確に選択する必要があります。そのためには、方式の異なるXAIを横並びで評価できる眼力が求められます。そこで本章では、実用に適したXAIライブラリを絞り込むための評価の観点について考えていきます。

5.1 XAI評価の基本的な考え方

これまで述べてきたように多種多様なXAIライブラリが開発されていますが、実用において重要なのは、必要な技術を適切に選択できることです。本章では、具体的にどのような評価の観点から、使うべきXAIを決めていくかを考えていきます。

またXAIは、機械学習の仕組みだけでなく、データ可視化なども含めた分野横断の技術です。このような複合的な要素を以って開発が進められているXAIについて、横並びで評価する調査論文なども報告されています。本章では、そのような文献で取り上げられている評価の考え方も紹介していきます。

5.1.1 利用するXAIを決定するための観点

第4章で紹介したように、AIモデルを解釈するために様々なアプローチによる技術が開発されています。それぞれのXAIの特徴はすでに見てきたとおりですが、ある目的でAIを解釈したい場合、採用するXAIには複数の候補が考えられます。

例えば、表形式データに対してXGBoostモデルを用いて予測を行う場合のXAI手法としてはLIMEとSHAPの2つが候補になりますが（他の手法も候補になりえます）、果たしてどちらが相応しいでしょうか。LIMEの特長が生かされる局面とSHAPの特長が生かされる局面には違いがあり、すべての状況に当てはまるような正解はないでしょう。状況として何に重きを置くかによって、適切なXAIの選び方は変わります。つまり、状況に応じた適切なXAIを選ぶためには、個々の要件に対しての評価ができることが求められます。しかし、XAIの評価については、明確な定義と呼べるほどの基準が確立されていないのが現状です。そこで、実際の利用シーンを想定した評価の流れを解説していきます。

5.1.2 分野横断での評価の観点

XAIは「AIを解釈する」というひとつの大きな目的を目指して開発されたものですが、実際に提案されているXAIライブラリは千差万別です。また、XAIの研究などで行われている評価では、特定のタスクを想定したときのパフォーマンスの違いによって優劣をつけることが一般的です。しかし、この評価方法は様々な方式に基づくXAIライブラリがどの程度の優位性を持つものであるかを測る「共通のものさし」とはなっていません。

また、分野横断での取り組みとなるXAIにおいて、それぞれの分野で評価の観点は異なります。例えば、XAIに関連性のある各分野のおける取り組みと目指す目標は、次のように考えることができます。

●機械学習の分野

取り組みの対象は、ブラックボックスモデルに対する新たな説明手法や、より理解しやすい解釈性の高いモデルを設計することです。精度比較など、計算可能な方法による評価が一般的です。

●ビジュアルアナリティクスの分野

人間の解釈につながる可視化の実現を目標とした取り組みが行われています。複雑なブラックボックスモデルを理解できるような、対象分野に適合した可視化が実現できているか、定性的な方法で評価を行います。

●ヒューマン・コンピュータ・インタラクション（HCI）の分野

HCIは利用者とシステムの間の情報交換を司るインターフェースを対象とし、XAIが生成した説明は正しく理解できるか、信頼できるものであるかなど、利用者視点からのニーズに焦点を当てて開発と評価が行われています。

AIは今後も、社会的に重要な役割を担うシステムに導入されていきます。このことを踏まえると、分野横断の広がりを見せるXAIについて、共通の基準で比較できることは、ますます重要性が増していくと考えられます。本書では以下の5つの観点を5.3節で紹介しています。

1. **説明の忠実度**：複雑なAIモデルを説明するXAIが、どの程度本来のAIモデルを再現できているかを評価する観点
2. **説明の信頼性**：XAIによる説明を受ける人間にとって、その説明が信頼できるものであるかを評価する観点
3. **説明の満足度**：利用者の満足につながる説明を提供できているかを評価する観点
4. **メンタルモデル**：「メンタルモデル」とは、XAIが示す説明が受け手にどのように作用するかを表現する。これを評価の観点に用いる
5. **実システムへの親和性**：実システムでのAIの有用性を評価する観点

5.2 XAIの選び方

利用するXAIを決定するために、どのような選択基準のもとで絞り込んでいくかを考えていきます。選択基準の中には、目的がはっきりとしており、候補を明確に絞り込めるものと、優劣の決定ではなく、利用者の主観によるものが混在しています。それらを組み合わせて、利用シーンに合わせたXAIを選択できるようになることを目指します。

5.2.1 XAI選定のフロー

利用したい目的に対して、適切にXAIを選んでいくための考え方を整理していきましょう。基本的な流れは**図5.1**のとおりです。

第一に、そもそもの目的に合致するようなものに対象を絞り込むことから始まります。そして、いくつかの候補に絞られた中から、重視する条件に最も当てはまるものを選びます。

このときに考える条件は、いくつかの特性の間でトレードオフになることが多く、何を優先すべきかをよく考えて選ぶことが重要です。また、最終的には、利用者の好みと言えるような細かい条件を満たすXAIを選定します。必ずしもメリット／デメリットで測れるような指針にばかり拘泥せず、利用者に好まれることが大切です。

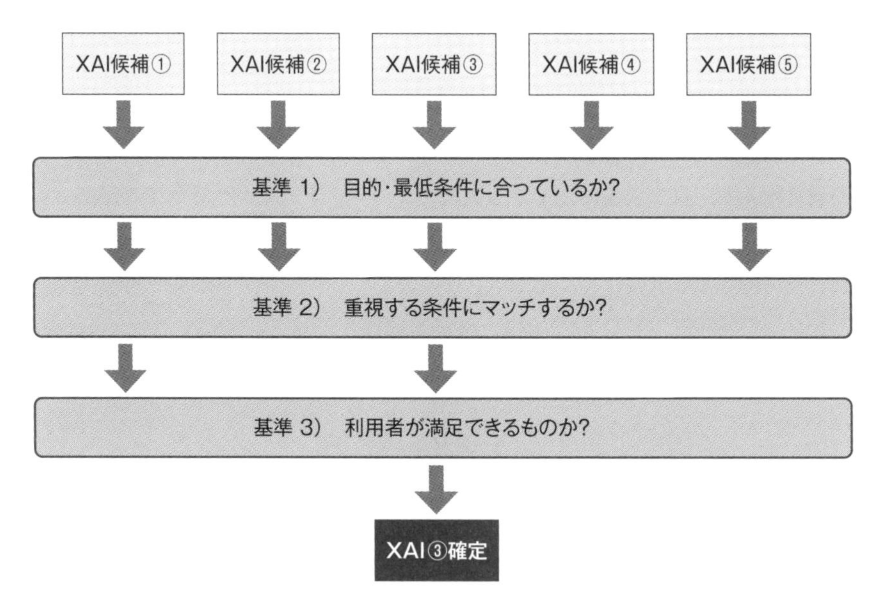

図5.1　XAI選択までのフロー

5.2.2 目的・最低条件に合っているか?

まずはXAIの利用目的として、どのような説明を必要としているか、どのようなデータを扱っているかなどの観点からチェックします。これらの観点は、そもそもの条件を満たすXAI候補を絞り込むという役割を持ち、この後に続く選択基準に照らし合わせて最終的な判断につなげていきます。

●モデルの説明（大局説明）か、事例の説明（局所説明）か？

理解したい対象が、複雑なAIモデルの振る舞いそのものであるのか、AIで予測された個々の事例であるのかによって、選択すべきXAIライブラリは異なります。例えば、LIMEのコンセプトは第4章で確認したように、局所的な範囲の中で線形近似することにあるため、基本的に大局的な説明を生成することはできません。そのため、AIモデルの振る舞いやデータ全体の傾向を理解したいという目的にはマッチしません。

●知りたい情報は何か？

具体的にどのような内容を理解したいかによって、候補となるXAIライブラリを絞り込みます。例えば、「AI予測に対して影響度のある要因を定量的に示したい」といったことがこの観点に相当します。この場合は特徴量の重要度を明らかにできればよいため、Permutation Importanceのほか、線形近似やモデル内部の重みを解釈するXAI手法などが候補となります。

●データ種別

AIモデルの入力となるデータ種別について基本的には、表形式データ、画像、テキストなどに対応する手法を選択することになります。第4章で確認したIntegrated GradientsがCNNなどの画像識別ニューラルネットワークモデルを対象とするように、そのデータに適した説明手法を選びます。また、テキストデータを文字列のまま入力するとは限らず、テキスト中の単語をBag of Wordsの表形式に変換することもあります。この場合、表形式データのXAI手法が候補になるかもしれません。

5.2.3 重視する条件にマッチするか?

ここまでは、XAIの候補を絞り込むうえで必須の、絶対的な条件を見てきました。次に見るべき観点は、「重視する条件にマッチしているか？」の確認です。複数あるXAIの選択候補にはそれぞれ、いくつかの選択基準において一長一短があり、必ずしもすべてに優れた手法を選ぶことはできません。そのようなときは、いくつかの条件の中で特に何を重視すべきか、優先順位をつける必要があります。

●説明の安定性

LIMEなどの手法は内部にランダムな処理を含むため、実行のたびに説明結果に若干の差異が生じます。説明に対する一貫性を重視する場合に、この誤差は問題となることがあります。対症療法的な解決として乱数の固定もできますが、より望ましい解決策は、不変の説明結果を得られる手法を選ぶことだと言えます。

この「説明の安定性」という観点の優先度は、AIの利用目的次第で変わってくると考えられます。実行のたびに説明結果に差異が生じることが、シビアなリスクにつながるようなケース（例えば病気診断など）では、安定性の高い手法を採用すべきでしょう。一方、説明結果に多少のブレが生じてもあまり問題とならないケースでは、説明の安定性よりも、次に述べる処理速度やモデル変更の可能性を優先して差し支えないと判断できます。

●説明を得るまでの処理速度

一般的にシステムの非機能要件は、実用において重要な目標となります。XAIに関しても同様であり、説明を得るために時間がかかると「実質的に利用できない」と評価せざるを得ない場合もあります。例えば、SHAPの計算は、原理的には特徴量の並べ替えによって実現されるので、非常に時間がかかります（特定のアルゴリズムに特化した高速計算手法がとれない場合）。

評価のためには、満たすべき処理時間を目標として、実際にどの程度の時間がかかりそうかを見極める必要があります。そのためには、様々なデータとAIモデルで実際にXAIライブラリを検証しておき、処理時間に“あたり”をつけておくことが求められます。

●モデル変更の可能性

モデル依存性もXAIの選択基準となります。AIの利用が決定していても、どのモデルを採用するかまでは確定していない場合や、運用していく中でモデルを変更する可能性があるケースでは、特定のモデルに特化したXAI手法では後に対応できなくなるおそれがあります。そのような状況が想定される場合には、LIMEなど、モデル依存性のない手法を選択することが望ましいでしょう。

5.2.4 利用者が満足できるものか?

ここまでは、具体的な必要条件に基づいて客観的に判断できる評価の観点を紹介してきました。しかし、XAIによる説明を受け取るのが人間である以上、選択基準には客観的事実のみでは決められない要素も含まれていると考えられます。このような主観的な観点については、XAIの目的を考えると、最終的な利用者にとって最も馴染みやすいものが適切だと言えます。

●説明の可読性

XAIは、そのコンセプトに応じて様々な方法で説明結果を提示します。利用者の目的は、XAIの説明から、AIモデルや予測結果に対する何らかの示唆を得ることです。この時に、「利用者が説明結果を容易に理解できるか」の判断が必要です。利用者に対するヒアリングや、説明結果から意図を掴むまでの時間を計測するなどの方法によって、評価ができると考えられます。

●説明の納得性

説明に納得できるか否かは、XAIの大原則と言える観点ですが、具体的な基準を設けることは非常に難しいでしょう。定性的な目線で考える必要がありますが、例えばSHAPのようにゲーム理論に裏付けされていれば、利用者が合理性を重視するようなケースでは納得につながる可能性を期待できます。

5.3 一貫した観点

XAIの急速な発展を受けて、関連研究の動向をまとめた調査論文なども発表されています。調査論文では複数のXAI手法を取り上げて評価を行っていますが、互いに全く異なる仕組みであるにもかかわらず、それらのXAIを一貫した観点で評価できることは非常に重要です。そこで本節では、そのような一貫したXAI評価の観点を紹介します。

5.3.1 評価の観点①「忠実度」

XAIの役割は、複雑で解釈困難なAIモデルの判断傾向や、予測の根拠を説明することです。この説明が、「対象のAIモデルを的確に表したものであるか」を示す度合いを「忠実度」とびます。忠実度を測る対象は、大きく以下の2点に分けられます。

1. XAIの結果と、説明対象のAIモデルの予測結果とが等しいこと
2. XAIの説明内容が、説明対象のAIモデルの判断傾向と整合すること

1番目については、代理モデルのXAIを考えると分かりやすいでしょう。代理モデルは、ブラックボックスなAIモデルの入出力の関係性を再現するXAIです。入出力を再現した代理モデルは、解釈可能な仕組み（決定木など）になっており、ブラックボックスAIがどのような判断の仕組みとなっているか理解することができます。このとき、代理モデルとブラックボックスAIの予測結果とが、できるだけ多くの場合で一致することが求められます。これは、正解率などの指標で定量的に算出可能です。

2番目はやや難解なため、具体的な例を仮定して考える方がよいでしょう。そこで、LightGBMモデルにLIMEを適用した場合を考えてみます。LightGBMは特徴量の重要度を算出する機能を持っているため、LIMEの結果として提示された特徴量と比較することができます。両者の一致度合いを確認することで、LIMEが忠実にLIghtGBMを再現しているか判断できるでしょう。

ただし、LIMEが1つの予測結果に対する局所説明を出すのに対して、LIghtGBMが出力するのはモデル全体の重要度（大局説明）である点には注意が必要です。LightGBMが重要とする特徴量をLIMEが上位に挙げていなくても、その事例では特に有効ではないだけであり、誤りとは言えない場合もあります。これに対しては、あらゆる事例でそもそも注視していない特徴量をLIMEが上位に含めていないかなど、より緻密な場合分けを使って計算する必要があるでしょう。また、事例数を増やしていくと、平均的にはLightGBMとLIMEで似た傾向が出てくるものだと考えられるため、対象データの規模を増やす方法も正しい評価につながるでしょう。

以上のように、忠実度は客観的な事実に基づいて計算可能な尺度を用いることが可能であるた

め、利用者の印象（極端に言えば先入観）が入りにくい評価観点だと言えます。

5.3.2 評価の観点②「信頼性」

説明を受ける利用者にとって、その説明を信頼できるものとして受け入れられるか否かは非常に重要です。XAIの信頼性には、具体的にどのような評価が必要でしょうか。その定義は明確に定まっていませんが、一例として以下のような事柄が挙げられます。

- AIの予測に対して、説明される内容が整合すること（予測に合わないような特徴量を用いた説明になっていないこと）
- 説明に一貫性があること（同じ条件にもかかわらず説明内容がコロコロ変わったりしないこと）
- 説明から具体的根拠が読み取れること（数学的な裏付けがとれるような方法に基づいた説明になっていること）

これらのうち「説明に対する一貫性」に関しては、乱数による処理を内部に含むLIMEの説明は、実行のたびに多少ばらつきますが、そのことは信頼性にどのような影響をもたらすでしょうか。厳密な一致を求めるような利用者（または利用状況）からは、「LIMEは信頼性の低い説明を出す」と評価されることになるでしょう。一方、同じLIMEによる説明でも、別の利用者（利用状況）は、「大まかな傾向が捉えられていれば信頼性にゆらぎはない」と判断するかもしれません。このように信頼性に関する評価は、利用者の主観が入ったものとなります。ただし、その度合いを定量的に出力可能なため、それを指標にして判断を下せるでしょう。例えばLIMEの場合、複数回実行したときの寄与度の偏差などから、許容される範囲で評価できるでしょう。

また、信頼性には、第1章でとりあげた「公平性」などの観点も大きく関わってきます。ある一定の条件で極端に偏った予測を出す不公平なAIは、信頼性も同様に低いと言えます。他に適切に捉えるべき特徴量があるにもかかわらず、それを重視していない説明を出すようでは信頼性が低いと考えられるからです。

AIが社会的に重要な役割を担うにつれて、信頼性は極めて重要な指標になります。信頼性の評価は、利用者の主観を含むだけでなく、公平性などの要素も絡む複雑な観点から下されます。しかし、その指標は、客観的な事実に基づいて算出できるものです。信頼性の評価においては、そのような客観的事実から導かれる指標をいくつか求めた上で、許容されるラインを利用者とともに見定めることが望ましいでしょう。

5.3.3 評価の観点③「満足度」

AIの利用者にとって、忠実度や信頼性の高い説明であれば、必ず好まれるでしょうか。実際には、忠実度や信頼性が高くても、必ずしも利用者にとって満足のいく説明になっていないケースが想定されます。したがって、忠実度や信頼性では測れないような、説明に対する満足度を別に評価することが重要です。

では、満足度の高い説明とは、具体的にどのようなものを指すのでしょうか。例えば次のような説明が当てはまるでしょう。

- 簡潔な説明：予測に対して、必要最小限の情報に絞って説明している
- わかりやすい説明：グラフィカルなUIを用いるなど、視覚的に訴求しやすい説明となっている
- 対照的な説明：ある条件が満たされない場合は予測が変わるといった、比較を伴った説明である

求められるのは、説明を受ける利用者にとって都合が良い状態です。満足度を定量的な指標で測ることは困難であり、利用者に対するヒアリングやA/Bテストのような方法で定性的に評価します。

5.3.4 評価の観点④「メンタルモデル」

XAIの評価にたびたび登場する概念として「メンタルモデル」があります。メンタルモデルとはいったい何でしょうか。ウィキペディアには、頭の中にある「ああなったらこうなる」といった「行動のイメージ」を表現したもの[1]との記載があります。XAIの文脈に当てはめて考えると、「XAIの説明を受けて、AIモデルの振る舞いや予測結果の根拠がどのようなものであるかを理解できること」となるでしょう。

XAIが生成する説明は、利用者がAIモデルについての正確なメンタルモデルを構築できるように影響を及ぼすものであり、説明がもたらすその面での有用性を評価することがポイントになります。メンタルモデルに関する評価方法としては、利用者に対するアンケートや、説明を受けたことで生じるタスクパフォーマンスの違いを測ることが一般的なようです。メンタルモデルは抽象的な概念ですが、「AIの振る舞いの正しい理解」というXAIの本質的な役割に見合った、重要度の高い評価観点です。

1 【出典】https://ja.wikipedia.org/wiki/メンタルモデル

5.3.5 評価の観点⑤「実タスクへの親和性」

AIを組み込んだ大きなシステムにおいては、AIのみを単独で評価するだけでなく、システムとの一体で見た「結合試験」も必要となります。AIモデルは、従来のシステム開発におけるモジュールと異なり、その挙動を設計したものではないため、意図した動作を保証することはできません。また、XAIの主な役割は、利用者がAIを使った実際のタスクが成功するのを支援することにあります。そのため、XAIの評価の観点も、実タスクへの影響を踏まえる必要があります。具体的には次のような観点が考えられます。

- 説明の有無で、タスク完了までにかかる時間にどの程度の差が生じるか？
- 説明があることで、ヒューマンエラーをどの程度低減できるか？

実際にAIを適用するシーンに応じてパターンは無数に考えられますが、重要なのは、利用者にとって最もクリティカルな要素を評価できていることです。例えばタスク実行にかかる時間がネックとなっている場合には、XAIの説明により、タスク完了時間がどの程度改善されたかを計測する必要があります。今後、AIが社会的に重責を担うシステムへ組み込まれていくにつれて、この観点を適切に評価できることの重要性はますます高まっていくことは間違いありません。

本章のまとめ

本章では、多様なバリエーションがあるXAIの選び方を理解しました。利用条件から絞り込まれるものや、トレードオフの特性の中で優先すべきものを選択するだけではなく、最終的には利用者目線での馴染みやすさといった優劣を測れない観点も必要となります。

また、様々なXAIを横並びで評価する際の考え方として、調査研究などで取り上げられている「評価の観点」にも言及しました。忠実度などのように、XAIそのものの性能として定量的に測れるものだけでなく、信頼性や満足度などのような抽象度の高い観点も必要となります。

今後新たに研究開発されるXAIについても、これらの観点に基づいて、従来の手法と比較し評価することが重要になるでしょう。

第6章 LIMEによる表形式データの局所説明

本章では、第4章で解説したLIMEライブラリを用いて、テーブルデータ（表形式データ）を対象とし、AIモデルの予測値に対する各変数の影響度合いの算出・可視化・分析を行います。分析対象は、機械学習の入門問題として知られているタイタニック号生存者予測問題のデータセットです。本章ではデータの理解から始め、データの加工やAIモデルの学習を行います。そして、LIMEを利用することで、AIモデルが生存（もしくは死亡）と予測した根拠を説明します。

6.1 検証の目的

本章では、テーブルデータに対する判別タスクを考え、AIモデルが判別の根拠とした変数をLIMEで出力できるようになることを目指します。そして、AIモデルの予測に対するLIMEの出力を実際に見ながら、「LIMEの動かし方」「LIMEの出力の見方」「LIMEの利点と弱点を踏まえた使い所」を学びます。

6.2 ライブラリの準備

まずは、LIMEの動かし方を確認するためのPython環境を構築します。本書では、様々なXAIライブラリの使い方を学んでいくにあたり、パッケージの依存関係などを考慮して章ごとに独立したPython仮想環境を構築しています。Python環境構築の具体的な手順については、最終章の後の「付録」に記載しています。

本章向けPython環境の構築が済んだら、分析に先立って、必要なライブラリを準備します。判別モデルの構築にはlightgbmを利用します。XAIの用途にはlimeを利用します。その他、基本的な分析用パッケージとして、pandas、numpy、matplotlib、seaborn、scikit-learnを利用します。

リスト6.1：ライブラリのインストール

```
pip install lightgbm==3.1.1 lime==0.2.0.1 matplotlib==3.3.2 \
    seaborn==0.11.1 scikit-learn==0.22.1  \
    pandas==1.5.5 numpy==1.19.5
```

なお、本章で用いるXAIライブラリは、2021年1月時点でのリリースバージョンです。説明結果を得るまでの手順は動作確認済みですが、一部実装が完了していない関数やバグが残った状態のものもあります。バージョンアップによって関数の扱いが変わり、エラーとなる場合もあります。最新バージョンの利用にあたっては、ライブラリごとのGitHubなどで紹介されている使い方を確認することを推奨します。

6.3 検証対象のデータ

以下ではデータコンペティションサイト**「Kaggle」のタイタニック号生存者予測問題のデータセット**[1]を使用します（以下、タイタニックデータセットと呼びます）。Kaggleサイトに利用者登録し、タイタニックデータセットのダウンロードが完了したら、訓練データ（train.csv）と評価データ（test.csv）の2つのファイルを作業用ディレクトリに格納しておきます。

6.3.1 データの概要

訓練データには11のカラムがあり、評価データには正解ラベルを除く10のカラムがあります。データ件数は訓練データが891件、評価データが418件と比較的小規模です。また、一部に欠損データが含まれています。各カラムの簡単な説明と取り扱いに関する備考[2]を**表6.1**にまとめます。

表6.1 タイタニックデータセットの概要と加工方針

カラム名	カラムの意味	取り扱いに関する備考
PassengerId	乗客ID	AIモデルに入力しない
Survived	生存フラグ（0=死亡、1=生存）	正解ラベル項目
Pclass	チケットクラス（1=Upper, 2=Middle, 3=Lower）	順序性のある変数と考え、そのまま扱う
Name	乗客の名前	名称中の敬称を抽出・グルーピングした新カテゴリ変数Titleを作成し、Ordinal-Encoding処理する
Sex	性別	female/maleを0/1に変換する
Age	年齢	一部欠損データあり（欠損を表す変数を新たに作成し、欠損は中央値で補完）
SibSp	同乗している兄弟／配偶者の数	Parchと合算した新変数Familyに統合する（自身の頭数を含める）
Parch	同乗している親／子供の数	SibSpと合算した新変数Familyに統合する（自身の頭数を含める）
Ticket	チケット番号	AIモデルに入力しない
Fare	運賃	一部欠損データあり（Pclass=3の中央値で補完）
Cabin	客室番号	欠損データ多数。AIモデルに入力しない
Embarked	出港地（C=Cherbourg, Q=Queenstown, S=Southampton）	訓練データに一部欠損データあり（欠損値のあるデータを除外）カテゴリ変数としてOrdinal-Encoding処理する

1 https://www.kaggle.com/c/titanic
2 取り扱いに関する備考は後述の「6.3.2 データ理解」を踏まえたものです。

6.3.2 データの理解

AIモデルを構築する前に、対象とするテーブルデータを理解するために簡単な分析を行います。分析対象データがどのような性質をもっているかを理解しておかなければ、XAIの出力も納得できません。もちろん、AIモデル構築の前処理を考える際にも、データの理解は必須です。

●データのサイズと中身の目視

データ理解に先立ち、必要なライブラリをインポートし、データを読み込みます。データを読み込めたら、まずはデータサイズと中身の目視確認を行います。

リスト6.2：ライブラリのインポートとデータの読み込み

```
# ライブラリのインポート
import numpy as np
import pandas as pd
import matplotlib.pyplot as plt
import seaborn as sns

# データの読み込み
train = pd.read_csv('train.csv')
test = pd.read_csv('test.csv')

# データサイズの確認
print("train.shape{}, test.shape{}".format(train.shape, test.shape))
# [out] train.shape(891, 12), test.shape(418, 11)

# データの目視確認
train.head()
test.head()
```

	PassengerId	Survived	Pclass	Name	Sex	Age	SibSp	Parch	Ticket	Fare	Cabin	Embarked
0	1	0	3	Braund, Mr. Owen Harris	male	22.0	1	0	A/5 21171	7.2500	NaN	S
1	2	1	1	Cumings, Mrs. John Bradley (Florence Briggs Th...	female	38.0	1	0	PC 17599	71.2833	C85	C
2	3	1	3	Heikkinen, Miss. Laina	female	26.0	0	0	STON/O2. 3101282	7.9250	NaN	S
3	4	1	1	Futrelle, Mrs. Jacques Heath (Lily May Peel)	female	35.0	1	0	113803	53.1000	C123	S
4	5	0	3	Allen, Mr. William Henry	male	35.0	0	0	373450	8.0500	NaN	S

図6.1　train.head()の結果

	PassengerId	Pclass	Name	Sex	Age	SibSp	Parch	Ticket	Fare	Cabin	Embarked
0	892	3	Kelly, Mr. James	male	34.5	0	0	330911	7.8292	NaN	Q
1	893	3	Wilkes, Mrs. James (Ellen Needs)	female	47.0	1	0	363272	7.0000	NaN	S
2	894	2	Myles, Mr. Thomas Francis	male	62.0	0	0	240276	9.6875	NaN	Q
3	895	3	Wirz, Mr. Albert	male	27.0	0	0	315154	8.6625	NaN	S
4	896	3	Hirvonen, Mrs. Alexander (Helga E Lindqvist)	female	22.0	1	1	3101298	12.2875	NaN	S

図 6.2 test.head() の結果

これでデータの読み込みができました。訓練データが 891 件、評価データが 418 件でした。そして、訓練データには正解ラベルである Survived カラムがあるのに対し、評価データには Survived がないことがわかります。

データの中身を見ると、数値型のカラムや文字列型のカラムがあることがわかります。必要な前処理をして、AI モデルに投入できる形にします。また、Name は乗客の名前ですので、このままでは AI モデルに入力しても意味がないと考えられます。このように、中身を具体的に確認することで、データの取り扱いの方針が立っていきます。

● Pandas と Seaborn による集計・可視化

次に、探索的にデータを分析します。Pandas や Seaborn を使うことで、簡単に集計・可視化を行うことができます。

リスト 6.3：データ理解のための集計・可視化

```
# 統計量の確認
train.describe(include='all') # 結果は省略
test.describe(include='all') # 結果は省略

# 正解ラベルとの関係を確認
## 変数間の相関係数のヒートマップ
fig = plt.figure(figsize=(8,7))
ax = sns.heatmap(train.corr(), annot=True, cmap='BrBG', vmin=-1, vmax=1)

## カテゴリ変数 (Sex) と Survived の関係
fig = plt.figure(figsize=(6,4))
ax = sns.barplot(y='Survived', x='Sex', data=train)

## カテゴリ変数 (Embarked) と Survived の関係
fig = plt.figure(figsize=(6,4))
```

```
sns.barplot(y='Survived', x='Embarked', data=train)

# データの欠損の確認
print(" ●train\n{}".format(train.isnull().sum()))
print(" ●test\n{}".format(test.isnull().sum()))

## 年齢の欠損とSurvivedの関係
train["Age_null"] = train["Age"].isnull()
fig = plt.figure(figsize=(6,4))
sns.barplot(y='Survived', x='Age_null', data=train)
del train["Age_null"]
```

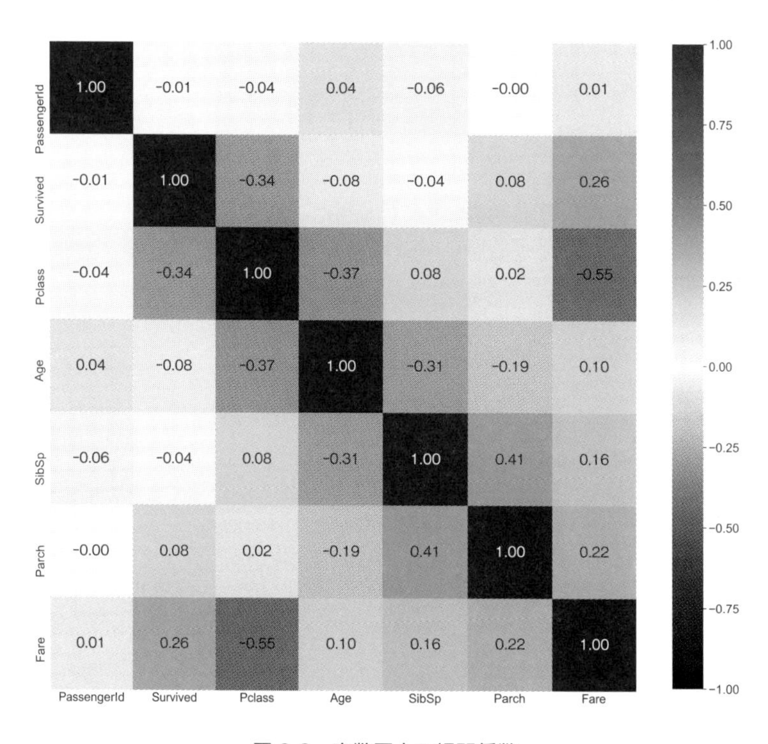

	PassengerId	Survived	Pclass	Age	SibSp	Parch	Fare
PassengerId	1.00	-0.01	-0.04	0.04	-0.06	-0.00	0.01
Survived	-0.01	1.00	-0.34	-0.08	-0.04	0.08	0.26
Pclass	-0.04	-0.34	1.00	-0.37	0.08	0.02	-0.55
Age	0.04	-0.08	-0.37	1.00	-0.31	-0.19	0.10
SibSp	-0.06	-0.04	0.08	-0.31	1.00	0.41	0.16
Parch	-0.00	0.08	0.02	-0.19	0.41	1.00	0.22
Fare	0.01	0.26	-0.55	0.10	0.16	0.22	1.00

図 6.3　変数同士の相関係数

ここまでの結果から、タイタニックデータセットの概要や、生存判別に効きそうな変数がわかってきました。

図 6.3 は、数値型の変数間の相関係数を２次元グラフに表したものです。この図を見ると、教師ラベル項目 Survived とは変数 Pclass の相関（の絶対値）が比較的大きいようです（どちらも離散でとりうる値が少ない変数であるため、線形の相関係数はあくまでも参考程度に捉えます）。

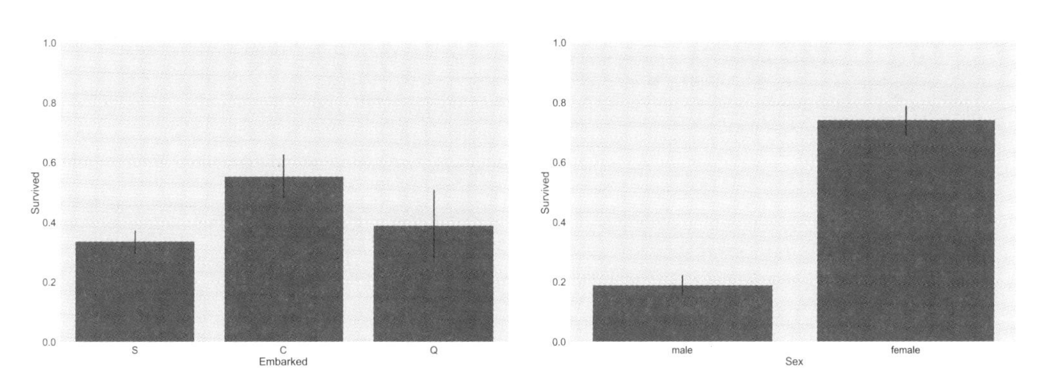

図 6.4 カテゴリカル変数と Survived の関係

(左：Embarked と Survived、右：Sex と Survived)

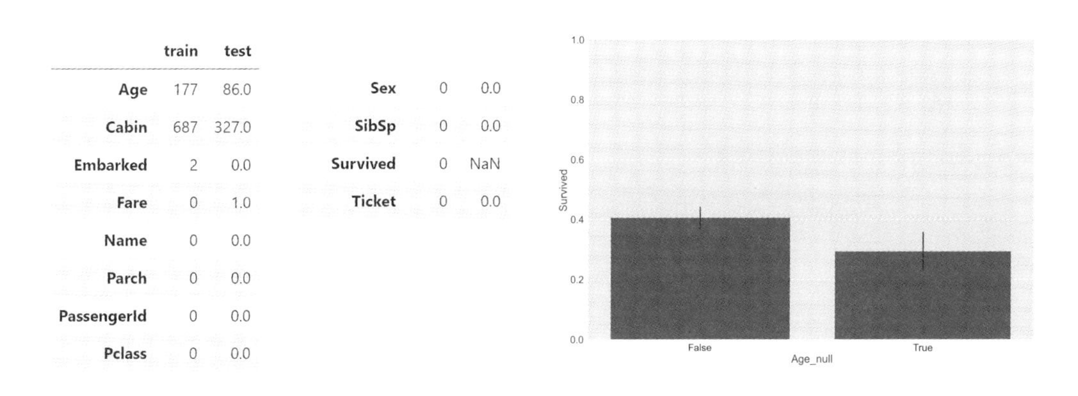

	train	test
Age	177	86.0
Cabin	687	327.0
Embarked	2	0.0
Fare	0	1.0
Name	0	0.0
Parch	0	0.0
PassengerId	0	0.0
Pclass	0	0.0
Sex	0	0.0
SibSp	0	0.0
Survived	0	NaN
Ticket	0	0.0

図 6.5 データの欠損と Survived の関係

(左：欠損データ数の調査結果、右：年齢の欠損と Survived)

すなわち、「チケットクラスが上位になるほど生存率が高くなっている」と解釈でき、直感に一致します。

図 6.4 は、カテゴリカル変数の値ごとの生存率を表しており、Sex は生存率に顕著な差があります。タイタニック号沈没の際に女性が優先して救助されたことを知っていれば、この集計結果は納得できるでしょう。

図 6.5 はデータの欠損について調べたものですが、Age の欠損数が多いようです。Age の欠損と Survived の関係をカテゴリカル変数と同様に確認すると、生存率に 10% 程度の差があることがわかります。判別に使える可能性があるので、変数に加えましょう。

これで最低限のデータの理解ができたので、モデルの学習に進みます。余裕があれば、より多くの分析を行ってみましょう。

6.4 モデルの学習

タイタニックデータセットについて理解ができたところで、AIモデルの学習に入ります。まずは、AIモデルに投入できるようにデータを加工します。初めに行うのは「特徴量エンジニアリング」です。高精度のAIモデルを構築するためには欠かせない作業ですが、本書の目的はAIモデルの振る舞いを理解することですから、あまり複雑な加工は実施しません。

本書では、AIモデルとしてLightGBMを用います。LightGBMは、大量の決定木を直列に繋いだモデルであり、高速かつ高精度という特徴から、テーブルデータに対する予測モデルの選択肢として主流になっています。1本1本の決定木はルール形式で記述されているため読み解くことはできますが、それを大量に組み合わせているため、モデル全体としての予測結果を説明するのは困難です。そこで、XAIによってモデルの予測根拠を説明することにします。

6.4.1 前処理

LightGBMは、欠損値やカテゴリカル変数をそのまま入力することもできるモデルです。ですが、LIMEライブラリの仕様上、欠損値は入力できません。また、カテゴリカル変数は、最低限Ordinal Encoding（Label Encoding）されている必要があります。これらの点には前処理で対応します。

リスト6.4：特徴量エンジニアリング

```
# ライブラリインポート
from sklearn.preprocessing import OrdinalEncoder

# NameをTitleに変換する関数
def replace_name(series):
    series = series.apply(lambda x: x.split(',')[1].split('.')[0].strip())
    series = series.replace(['Capt','Col','Major','Dr','Rev'], 'Officer')
    series = series.replace(['Don','Sir','the Countess','Lady','Dona'],
'Royalty')
    series = series.replace(['Mme','Ms'], 'Mrs')
    series = series.replace(['Mlle'], 'Miss')
    series = series.replace(['Jonkheer'], 'Master')
    return series
```

```
# カテゴリカル変数の定義
categorical_features = ["Sex", "Embarked", "Title"]

# 特徴量エンジニアリングの実行
train = train.dropna(subset=['Embarked'])
df = pd.concat([train, test])
df['Family'] = df['SibSp'] + df['Parch'] + 1
df["Title"] = replace_name(df["Name"])
df["Age_null"] = df["Age"].isnull()
df["Age"] = df["Age"].fillna(df["Age"].median())
df["Fare"] = df["Fare"].fillna(df[df["Pclass"]==3]["Fare"].median())
df = df.drop(columns=['PassengerId', 'Name', 'Ticket', 'Cabin', 'SibSp',
'Parch'])
oe = OrdinalEncoder()
df[categorical_features] = oe.fit_transform(df[categorical_features]).
astype(int)
train = df[df["Survived"].notnull()]
test = df[df["Survived"].isnull()].drop(columns=["Survived"])
```

リスト 6.4 の特徴量エンジニアリングが完了したら、最終的に AI モデルに投入できるような形にデータを整形します。

併せて、訓練データを学習データと検証データに分割します。学習データはモデルのパラメータを推定するために使用します。検証データはモデルの予測性能を確認しつつ、モデルの過学習を防ぐために使用します。データの分割までできたらファイルに保存しておきます 。

リスト 6.5：データの整形

```
# ライブラリインポート
from sklearn.model_selection import train_test_split

# 訓練データを学習データと検証データに分割
train, valid = train_test_split(train, test_size=0.2,
stratify=train["Survived"], random_state=100)

# データの保存
train.to_csv("train_proc.csv",index=None)
valid.to_csv("valid_proc.csv",index=None)
```

```
test.to_csv("test_proc.csv",index=None)

# 説明変数と目的変数に分割
def make_Xy(df, col_y="Survived"):
    return df.drop(columns=[col_y]), df[col_y]
train_X, train_y = make_Xy(train)
valid_X, valid_y = make_Xy(valid)
test_X = test
```

6.4.2 モデルの学習

データの加工ができたら、いよいよ AI モデルの学習を行います。

リスト 6.6：AI モデルの学習

```
# ライブラリインポート
from lightgbm import LGBMClassifier
import pickle as pkl

# モデルの定義
model = LGBMClassifier(max_depth=4, colsample_bytree=0.5,
                       reg_lambda=0.5, reg_alpha=0.5,
                       importance_type="gain", random_state=100)

# 学習の実行
model.fit(
    train_X, train_y,
    eval_set=[(valid_X, valid_y)],
    early_stopping_rounds=50,
    verbose=10,
    categorical_feature=categorical_features
)

# 正解率の計算
print("Accuracy(train) {:.3f}".format(model.score(train_X, train_y)))
print("Accuracy(valid) {:.3f}".format(model.score(valid_X, valid_y)))
# [out] Accuracy(train) 0.872
```

```
# [out] Accuracy(valid) 0.848

# モデルの保存
with open('lgbm_model.pkl', 'wb') as f:
    pkl.dump(model, f)
```

AI モデルの学習が完了しました。学習済みモデルの正解率は、学習データに対して 87.2%、検証データに対して 84.8% 程度です（実行環境によって誤差が生じます）。タイタニックデータセットの難易度からすると、妥当なモデルが学習できました。ここで、モデルの精度があまりにも低い場合は、そもそも予測ができていませんので、後続の XAI に取り組む意義が疑われます。実用十分なモデルの精度が出ているかを確認しましょう。

6.5 LIMEによる予測結果の説明

学習済みAIモデルに予測対象データを入力した際の判別結果について、LIMEを使ってその判断根拠を獲得します。ここでは、LIMEに実装されている 表形式データ専用のクラスLimeTabularExplainerを用います。

6.5.1 LIMEを使う準備

LimeTabularExplainerクラスの利用に先立ち、2点準備をします。1点目は、確率値を算出する関数です。LIMEでは、予測対象データが1件でも複数件でも入力できるように、予測関数を準備する必要があります。LGBMClassifierのpredict_proba関数は1件のみの入力に対応していないため、予測用の関数を別途用意します。

準備の2点目は、カテゴリカル変数の情報です。LIMEでは判断根拠を数値の形で算出するだけでなく、jupyter notebook上で表示する機能の用意もあります。その際、正解ラベルやカテゴリカル変数の表示をAIモデルに投入している数値列ではなく、対応したカテゴリ名にするために、必要となる情報を準備しておきます。

リスト6.7：LIMEを利用する前の準備

```
# LIME用の予測関数の準備
def predict_fn(X):
    if len(X.shape)==1:
        return model.predict_proba(X.reshape(1,-1))[0]
    else:
        return model.predict_proba(X)

# 数値とカテゴリの対応の準備
class_names = ["Not Survived", "Survived"]
categorical_feature_idx = \\
np.where(train_X.columns.isin(categorical_features))[0]
categorical_names = dict(zip( \\
categorical_feature_idx , [list(lst) for lst in oe.categories_]))
```

6.5.2 主要なパラメータ

準備が整ったので、LIME を実行していきます。

LIME の基本的な使い方は、学習データに基づいて LimeTabularExplainer クラスをインスタンス化し、その後 explain_instance メソッドで、予測対象データ 1 件 1 件に対して AI モデルの判断根拠を獲得します。explain_instance メソッドの戻り値を利用すると、説明結果の可視化や情報の抽出ができます。

表 6.2、**表 6.3** に、説明結果へ影響を与える主要なパラメータの意味をまとめます。

表 6.2　LimeTabularExplainer クラスの主要なパラメータ

パラメータ名	パラメータの意味
training_data	説明変数データ。指定したデータの分布を参考にしてダミーデータが生成される。モデル学習時のデータである必要はないが、データの分布をカバーできていることが望ましい
mode	タスクの指定。“classification” or “regression”
categorical_features	カテゴリカル変数の指定。内部処理をカテゴリカル変数として扱うようになる。指定しない場合、数値変数として扱われるので注意が必要
kernel_width	局所説明の度合いを指定する。デフォルトは√（カラム数）× 0.75。小さくすれば局所的な説明となり、大きくすれば大局的な説明となる
discretize_continuous	数値変数を離散化するかの指定。離散化することで、数値変数の値の解釈がしやすくなる。離散化方法はデフォルトで四分位数だが、discretizer パラメータで別途指定できる

表 6.3　explain_instance メソッドの主要なパラメータ

パラメータ名	パラメータの意味
data_row	予測対象データ
predict_fn	予測関数。単に AI モデルの予測メソッドだけでなく、前処理なども含めることが可能
num_features	説明に使用する変数の最大数。少なければ端的に説明できる可能性があるが、説明精度が落ちる可能性もある。デフォルトは 10
num_samples	生成するダミーデータの数。多ければ説明が安定するが、処理時間が大きくなる。デフォルトは 5000
model_regressor	局所近似モデル。デフォルトはリッジ回帰

リスト 6.8：LimeTabularExplainer の準備

```
# ライブラリのインポート
from lime.lime_tabular import LimeTabularExplainer

# 説明用クラスの定義
explainer = LimeTabularExplainer(train_X.values,
                                 class_names=class_names,
```

```
                                    feature_names=train_X.columns,
                                    categorical_features=categorical_feature_
idx,
                                    categorical_names=categorical_names,
                                   )
```

6.5.3 LIMEの実行

準備ができたので、具体的にある1件のデータを入力します。

リスト6.9：LIMEの実行

```
# 予測対象データのインデックス
i = 0

# 局所説明の計算
exp = explainer.explain_instance(test_X.values[i], predict_fn, num_
features=5)
```

説明結果を取得できたら、出力を行います。

リスト6.10：様々なLIMEの出力

```
# jupyter notebook上での可視化
exp.show_in_notebook()

# matplotlib形式での取得
plt = exp.as_pyplot_figure()

# 数値を取得
## LIMEの機能のみ利用
exp_list = exp.as_list()
## もとの特徴量の並び順に整形
def get_exp_list_all(exp, explainer=explainer):
    exp_list_all = np.zeros(len(explainer.feature_names))
    for col_id, val in exp.local_exp[1]:
        exp_list_all[col_id] = val
```

```
    exp_list_all = list(zip(model.feature_name_, exp_list_all))
    return exp_list_all

exp_list_all = get_exp_list_all(exp)
```

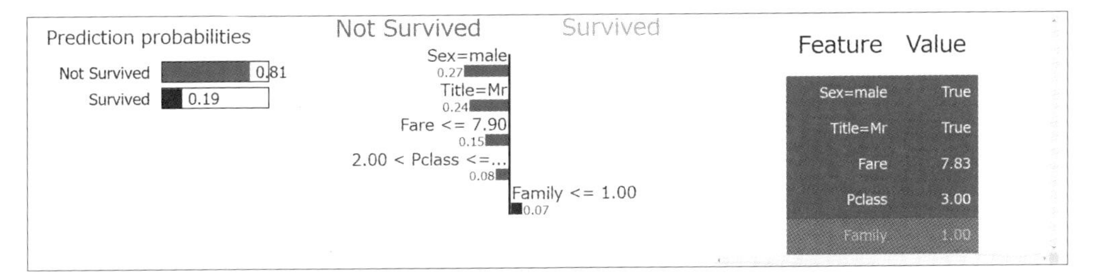

図 6.6　LIME の結果(exp.show_in_notebook() を利用)

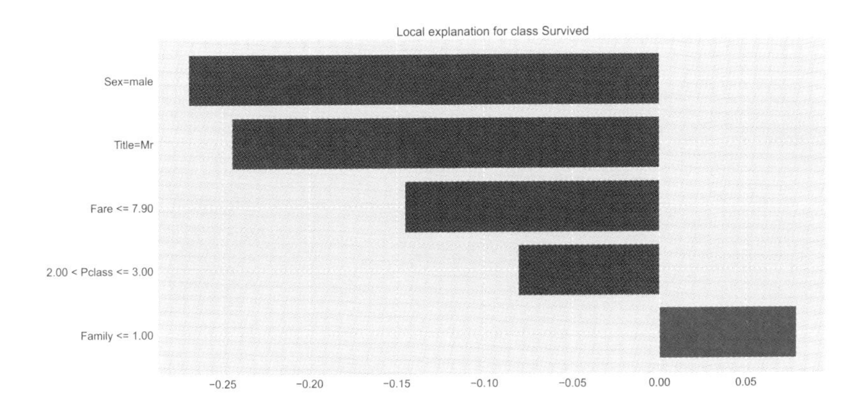

図 6.7　LIME の結果(exp.as_pyplot_figure() を利用)

```
[('Sex=male', -0.2724926552873906),
 ('Title=Mr', -0.24025149754827854),
 ('Fare <= 7.90', -0.1458244893155094),
 ('2.00 < Pclass <= 3.00', -0.08326913730228812),
 ('Family <= 1.00', 0.07326626257836873)]
```

```
[('Pclass', -0.08326913730228812),
 ('Sex', -0.2724926552873906),
 ('Age', 0.0),
 ('Fare', -0.1458244893155094),
 ('Embarked', 0.0),
 ('Family', 0.07326626257836873),
 ('Title', -0.24025149754827854),
 ('Age_null', 0.0)]
```

図 6.8　LIME の結果(数値で取得)

(左．exp.as_list() を利用　右．exp.local_exp を利用し説明変数の順に整列)

この例では、ある乗客の生存しない確率が0.81と予測されています（**図6.6**左部）。そして、LIMEによって、AIモデルの判断の根拠が示されています（**図6.6**中央にある左右に伸びた棒グラフ）。この乗客の情報も示されています（**図6.6**右部）。AIモデルがこの乗客を生存しないと判断した理由として、男性であること、敬称がMr（成人男性）であること、チケット代が安いことなどを挙げていることがわかります。

これらの結果は、基礎分析の結果からも納得できるものであり、「AIの判断根拠を可視化できた」といえるでしょう。また裏を返せば、AIがおかしな挙動をしていないことがわかりました。さらに、LIMEは**図6.6**から**図6.8**のように、多様な出力形式を持ち合わせています。用途に応じて利用しましょう。

6.5.4 別のデータについての説明

ここから何例か、他のデータを確認してみます。LIMEは局所説明の技術ですので、予測対象データが変わればLIMEの出力（AIモデルの判断根拠）も変わります。

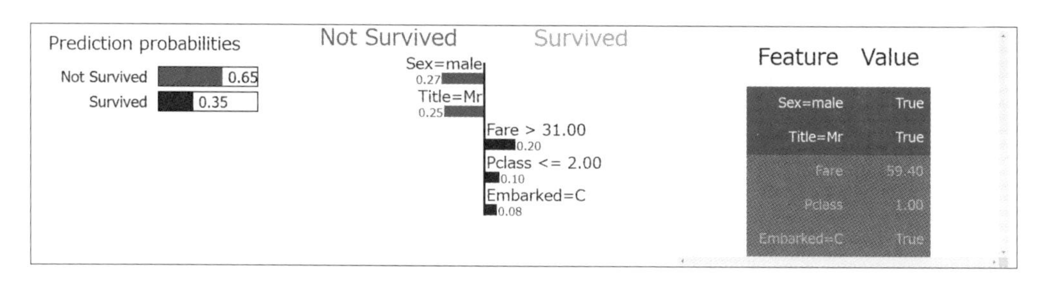

図6.9 別の予測対象データの説明例(i=20)

この例では、乗客が生存しない確率が0.65と予測されています。先ほどの例に比べて少し生存率が上がりました。なぜでしょうか。それはLIMEの出力を見ればわかります。先ほどの乗客とは違い、この乗客のチケット代は高く、客室等級が高かったことが理由です。ただし、それでもなお「生存しない」という予測が優勢なようです。

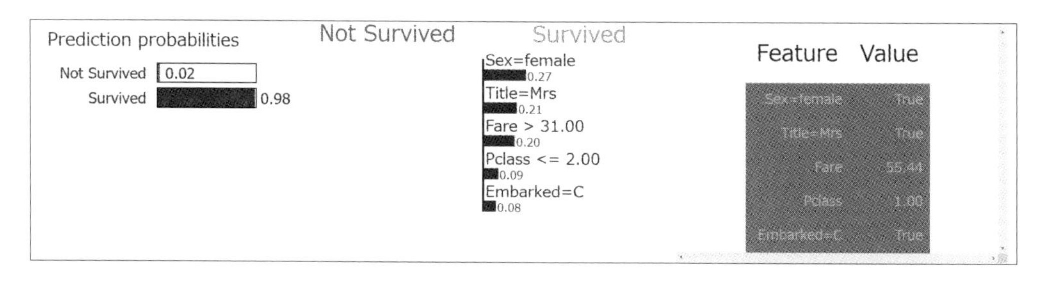

図6.10 別の予測対象データの説明例(i=100)

この例では、これまでと違って生存確率が極めて高くなっています。その理由として、女性であること、敬称がMrs（既婚女性）であること、チケット代が高いことなどが挙げられています。これも納得できる結果でしょう。

ここまでの3例では、性別が予測に与える影響が大きいようです。すべて性別だけで決まってしまうのでしょうか。少し深堀りしてみます。男性だが生存すると予測された乗客について調査してみましょう。

リスト6.11：男性だが生存すると予測された乗客の調査

```
# 分析用テーブルを作成
pred = predict_fn(test_X)
result = pd.DataFrame({"pred":pred[:,0], "Sex":test["Sex"]})

# 男性なのにSurviveと予測する例を取得
target_idx = result[result["Sex"]==1].sort_values("pred").index

# LIMEの実行
i = target_idx[0]
exp = explainer.explain_instance(test_X.values[i], predict_fn, num_
features=5)
exp.show_in_notebook()
```

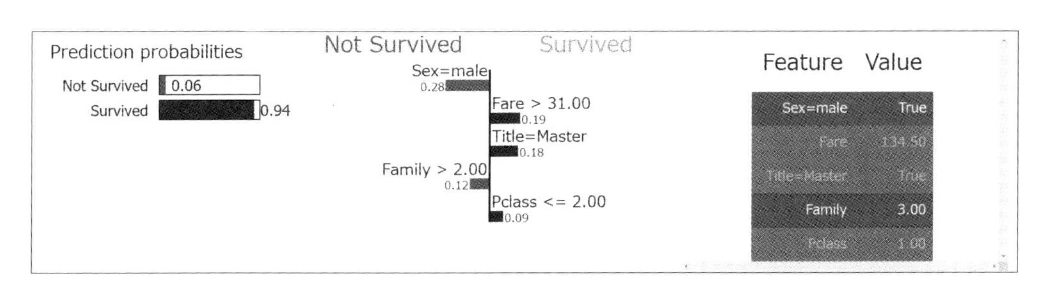

図6.11　別の予測対象データの説明例（男性だが生存すると予測された乗客）

この乗客は男性ですが、生存確率94%と予測されています。LIMEの出力を見ると、やはり男性であることはマイナスに効きながらも、チケット代が高額であることや、敬称がMaster(ここでは少年の意味と考えられます)であることから、生存と予測されているとわかります。

以上のように、LIMEによって説明変数の影響力を確認することができました。しかし、実際にプログラムを実行してみると、多くの場合、本書と同じ結果は得られません。また、実行するたびに多少異なる結果になると思います。原因は、LimeTabularExplainerでは入力したデータに対して、ランダムにダミーデータを作成するからです。近似に用いるダミーデータのランダム性により、得られる結果は一般的に毎回異なるという点に注意しましょう。結果を安定させるには、num_samplesを増やして、ダミーデータのランダム性の影響を緩和することなどが有効です。

Column　納得できる説明か?

タイタニックデータセットの分析におけるLIMEの結果は、納得できているでしょうか。年齢や性別によって生存確率が左右されていましたが、その説明だけで納得できるかどうかは人それぞれでしょう。ここで、タイタニックデータセットから学ぶ、納得につながるポイントを2点解説します。

背景知識やデータ傾向とのマッチング

タイタニック号の沈没事故について（例えば映画を見て）知っていれば、女性や子供が優先的に救助された事実とマッチして、納得できたことでしょう。一方で、何も知らなければ、「体力的に有利な成人男性が生存する」と考えても、おかしくありません。つまり、結果の読み解きには背景知識が必要ということです。

AIの出力した数値には、意味づけができて初めて納得できます。背景知識がない場合には、データから傾向を理解しておくことが有効です。もし、AIモデルが「男性であることが生存に寄与している」と学習し、私たちが背景知識もデータ傾向も知らなければ、（実際には男性は生存しない傾向にあるにもかかわらず）それで納得してしまうかもしれません。正しい分析を行うために、背景知識とデータ傾向の理解を欠かさないようにしましょう。

説明結果が制御可能であるか？

分析者であるみなさんは、年齢や性別が生存可否に影響することについて、納得できました。では、沈没するとわかっているタイタニック号に乗らなければいけない状況を考えてみます。そのとき、「年齢や性別が生存率に影響する」と説明されて、納得できるでしょうか。当然、年齢や性別を変えることはできません。それよりも、客室のクラスなど、これからどうにか制御できる変数で説明されたほうが、納得して次の行動に移れるのではないでしょうか。

このように、単に事実を説明するだけでなく、「誰の、何のための情報なのか」を踏まえて適切に説明することが、納得感の醸成につながります。

6.6 局所説明の度合いを調整する kernel width

LIMEの主要なパラメータのひとつに「カーネル幅（kernel width）」があります。LIMEの内部で生成されたランダムなダミーデータの「重み」を設定するためのものです。

カーネル幅を小さくすることは、予測対象データとの距離が近いデータをより重視することを意味し、局所的な説明を得ることができます。ただし、あまりに小さくしすぎると、局所説明を学習するためのデータが実質的に存在しなくなるため、結果として説明ができなくなります。反対に、カーネル幅を大きくすると、予測対象データから遠いダミーデータに対しても精度よく近似しようと局所モデルを学習するため、結果として大局的な説明になってしまいます。

タイタニックデータセットの例では、どれも性別が予測結果の上位に来ていました。これは納得できるものではありますが、ある意味では「性別が常に重要だ」とする大局的な説明ともいえます。そこで、カーネル幅を調整して、説明結果がどのように変わるかを確認してみます。

●カーネル幅を変えてみる

カーネル幅はデフォルトで$\sqrt{}$(説明変数の数=8) × 0.75 ≒ 2.12に設定されています。予測対象データは、**図6.11**と同じデータ（男性にもかかわらずAIは生存確率0.81と予測したデータ）を用います。

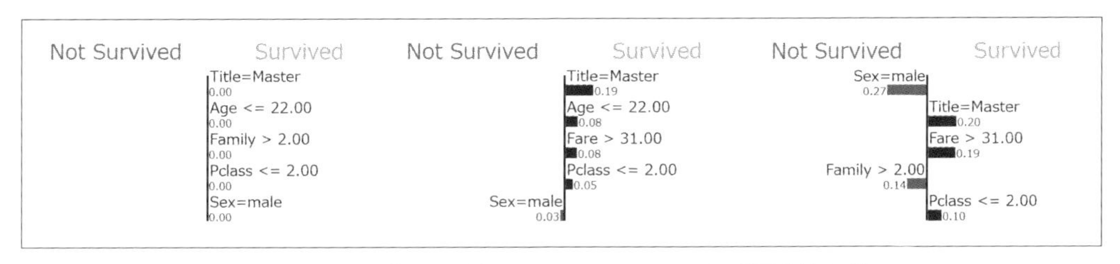

図6.12　同一データに対するkernel widthによる説明結果の違い

（左．kernel width=0.1、中央．kernel width=0.5、左．kernel width=5.0）

図6.12を見ると、カーネル幅次第で、変数の寄与度が大きく異なることがわかります。カーネル幅が小さい場合（kernel width=0.1）には全く説明ができていません。

カーネル幅を少し大きくする（kernel width=0.5）と、全体的にプラスに寄与した説明結果を得ることができました。この説明結果は、「高確率で生存」と予測したモデルの説明として理解できます。

さらにカーネル幅を大きくする（kernel width=5.0）と、**図6.11**とほぼ同じ結果が得られました。カーネル幅が大きいときには、変数一つひとつの実測値と寄与度の関係を理解できますが、総合的に見ると「高確率で生存」と予測していることとは、整合性がとれないように感じます。この予測データ固有の特徴ではなく、データセット全体の、大局的な傾向を説明してしまっていることが表れています。カーネル幅大・中・小の3つのうちでは、中（kernel width=0.5）への変更が最も妥当に、この乗客の生存予測理由を説明できていると言えるでしょう。

このように、パラメータ次第で説明結果が変わることを、まずは覚えておきましょう。そして、どの説明が「良い」かの定量的な判断基準は、LIMEにはありません。分析者やサービス利用者にとって、納得のいく説明が得られるようなパラメータを定めることが大切です。

検証成果のまとめ

本章ではタイタニックデータセットの分析を通じて、テーブルデータについての局所説明を得るための、LIMEの作法を学びました。LIMEはモデルを問わないXAIの手法であり、可視化の機能なども備えているので手軽に使えることを体験できました。一方で、説明のためのパラメータを設定する必要があり、アルゴリズムにはランダム性があることから、説明の一貫性には課題があります。これらの課題の多くは第9章のSHAPで解決できるため、そちらも引き続き学んでいきましょう。

第7章

LIMEとGrad-CAMによる画像データの局所説明

前章では、テーブルデータに対する可視化について説明しました。本章では、**LIME** と **Grad-CAM** による画像データの分析方法を学んでいきます。LIME は一般的な分類問題に適用できる汎用な手法であり、テーブルデータだけでなく画像データに対しても、モデルの解釈を得ることができます。一方、第 4 章で説明した Grad-CAM は画像の説明手法であり、汎用な LIME よりも画像に対する説明に適しています。本章を通じて、これらの導入手順、説明の出力方法、結果の解釈を習得し、画像データに対する説明手法をマスターしていきましょう。

7.1 検証の目的

本章では、一般的な画像データに対するAI適用の事例において、説明をどのように行うか、ポピュラーな手法であるLIMEとGrad-CAMを使って検証します。目的は、画像認識モデルがどのように画像を認識しているかについての、説明手段を学ぶことにあります。LIMEとGrad-CAMを画像に適用して、モデルによる判断の根拠を説明でき、判断理由を分析できるようになることを目指します。

7.2 ライブラリの準備

LIMEとGrad-CAMでの検証に、共通して必要となるモジュールをpipでインストールします。以下の検証では画像認識モデルを使うので、ディープラーニングフレームワークの**PyTorch**[1]をインストールします。また、画像を可視化するために**matplotlib**[2]をインストールします。

リスト7.1：ライブラリのインストール

```
pip install torch==1.7.0 torchvision==0.8.1
pip install matplotlib==3.2.2
```

なお本章では、CPUを使って検証を進めていきますが、環境によっては実行に時間がかかります。GPUを利用して高速化することもできるため、必要に応じて、公式サイトに従ってGPUを使用できるようにPyTorchのモジュールである**torch**と**torchvision**をインストールします。

また、本章で用いるXAIライブラリは、2021年1月時点でのリリースバージョンです。説明結果を得るまでの手順は動作確認済みですが、一部実装が完了していない関数やバグが残った状態のものもあります。バージョンアップによって関数の扱いが変わり、エラーとなる場合もあります。最新バージョンでの利用にあたっては、ライブラリごとのGitHubなどで紹介されている使い方を確認してください。

1　PyTorchはオープンソースの機械学習ライブラリです。フェイスブックの人工知能研究グループにより初期開発され、近年、使いやすさから開発者の人気を集めています。

2　MatplotlibはPyhonおよびNumPyでグラフを描画するためのオープンソースのライブラリです。折れ線グラフや棒グラフ、円グラフなど、2次元でも3次元でもグラフを描けます。

7.3 検証対象のデータ

検証で用いる画像は、Grad-CAM 用のサンプル画像を利用することにします。

リスト 7.2：画像データのダウンロード

```
curl https://raw.githubusercontent.com/jacobgil/pytorch-grad-cam/master/
examples/both.png -o both.png
```

ダウンロードしたサンプル画像には犬と猫が写っています。通常の分類タスクでは、1 枚の画像に異なる種類の対象が含まれないことを前提としますが、ここでは検証のため、1 枚に犬と猫の両方が写った画像を使用します。

リスト 7.3：画像の表示確認

```
import matplotlib.pyplot as plt
from PIL import Image

img = Image.open('both.png').convert('RGB')
plt.imshow(img)
```

図 7.1　検証に使用するサンプル画像の例

（出典：Grad-CAM: Visual Explanations from Deep Networks via Gradient-based Localization）

また、検証で用いるラベル情報を以下よりダウンロードし、必要な情報を事前に読み込みます。

リスト7.4：ラベルデータのダウンロード

```
curl https://raw.githubusercontent.com/marcotcr/lime/master/doc/notebooks/
data/imagenet_class_index.json -o imagenet_class_index.json
```

リスト7.5：ラベルデータの読み込み

```
import json

with open("imagenet_class_index.json", "r") as f:
    cls_idx = json.load(f)
    idx2label = [cls_idx[str(k)][1] for k in range(len(cls_idx))]
```

7.4 AIモデルの準備と予測

画像認識の分野では近年、Convolutional Neural Network（CNN：畳み込みニューラルネットワーク）が有効な技術として認知されています。本検証ではCNNのひとつである**ResNet50**を画像分類のモデルとして用います。これは**ImageNet**という1000クラスの大規模データを学習した学習済みモデルであり、PyTorchの公式サイトで公開されています。

リスト7.6：学習済みResNet50モデルの読み込み

```
import torch
import torch.nn as nn
from torchvision import models, transforms
import torch.nn.functional as F

# 学習済みモデルの読み込み
device = torch.device("cuda" if torch.cuda.is_available() else "cpu")
model = models.resnet50(pretrained=True)
model.eval()
model.to(device)
```

ダウンロードした画像に対してモデルの推論を実行し、分類結果を上位5位まで確認します。

リスト7.7：画像の前処理とモデルの推論

```
# 画像のプリプロセス
preprocess = transforms.Compose(
    [
        transforms.ToTensor(),
        transforms.Normalize(
            mean=[0.485, 0.456, 0.406],
            std=[0.229, 0.224, 0.225]
        )
    ]
)

# モデルの推論
img_tensor = preprocess(img).unsqueeze(0).to(device)
```

```
logits = model(img_tensor)
probs = F.softmax(logits, dim=1)

# 上位5位の結果を確認
probs5 = probs.topk(5)
probability = probs5[0][0].detach().cpu().numpy()
class_id = probs5[1][0].detach().cpu().numpy()
for p, c in zip(probability, class_id):
    print((p, c, idx2label[c]))
## 上位5位の結果
(0.38420436, 243, 'bull_mastiff')
(0.16826765, 282, 'tiger_cat')
(0.09412262, 242, 'boxer')
(0.059125293, 281, 'tabby')
(0.049711224, 539, 'doormat')
```

bull_mastiff、**tiger_cat** が上位1,2として推論されています。tiger_cat はトラ猫やトラのような縞模様の猫を指しています。bull_mastiff は頭が大きく、眉間に皺を寄せたブルドッグのような顔立ちが特徴的の犬です。サンプル画像にある犬と猫を推論していることが分かります。

7.5 LIMEによる説明

本節では、LIMEを使って説明を行うために必要な準備を行います。まずはLIMEをインストールします。

リスト7.8：LIMEのインストール

```
pip install lime==0.2.0.1
```

7.5.1 LIMEによるAIモデルの説明

LIMEを使って、AIモデルの予測結果に対する説明を得るまでの手順を紹介します。まずは、サンプル画像データに対して、bull_mastiffとtiger_catという予測をしたモデルの解釈を行います。

LIMEでは、入力データに対して「摂動」を加え、摂動に対する予測結果の「変動」から、特徴量が目的変数に及ぼす影響の強さを測定することができます。画像認識モデルの場合、1枚の画像を色やテクスチャが類似する部分領域に分割し、いくつかの部分領域を適当な色でマスクする（覆い隠す）ことでデータサンプルを生成し、それを用いて摂動とします。特徴量は分割領域に対応することになります。

LIMEを使うと、画像のどの分割領域による影響が大きいかを算出でき、どの特徴が有効だったかを把握できます。画像内のどの領域が注視されているかを把握することで、モデルの解釈を得ることができます。

●画像の部分領域分割

画像の部分領域分割にはデフォルトでは、**quickshift**と呼ばれる分割方法が使われています。LIMEを使って説明を得る際に生成された、画像の領域分割を可視化してみましょう。デフォルトの領域分割は、**リスト7.9**に示すように、scikit_imageをラッピングしたSegmentationAlgorithmというモジュールで与えられています。これによって得られた領域分割を、skimageのmark_boundariesという関数を使って可視化します。

リスト7.9：quickshiftによる画像の領域分割の可視化

```
from lime.wrappers.scikit_image import SegmentationAlgorithm
import numpy as np
```

```
from skimage.segmentation import mark_boundaries

segmentation_fn = SegmentationAlgorithm(
    'quickshift',
    kernel_size=4,
    max_dist=200, ratio=0.2,
    random_seed=42
)

segments = segmentation_fn(img)
plt.imshow(mark_boundaries(np.array(img), segments))
```

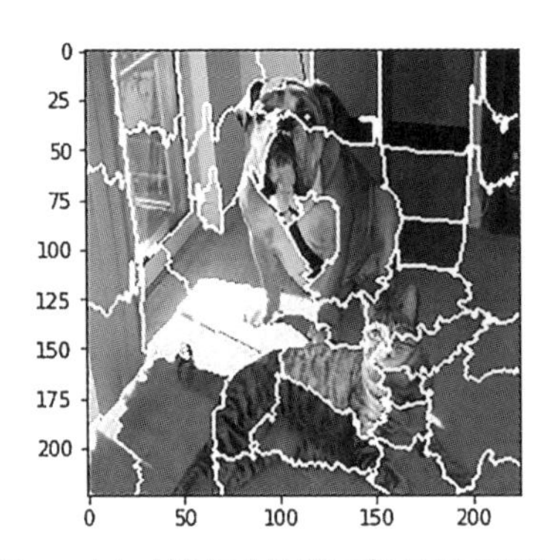

図 7.2　quickshift によるサンプル画像の領域分割

モジュールでは、画像の分割方法として quickshift、slic、felzenszwalb の何れかを選択できます。デフォルトは quickshift ですが、それでは分割領域が広く、精細な説明を得られないと考えられます。そこで、別の分割方法として Slic 手法を使用してみます。SegmentationAlgorithm モジュールは scikit_image.segmentation の関数をラッピングしているので、scikit_image と同じ引数を取ります[3]。

リスト 7.10：Slic による画像の領域分割の可視化

```
segmentation_fn = SegmentationAlgorithm("slic")

segments = segmentation_fn(img)
plt.imshow(mark_boundaries(np.array(img), segments))
```

3　scikit-image の segmentation 関数です。

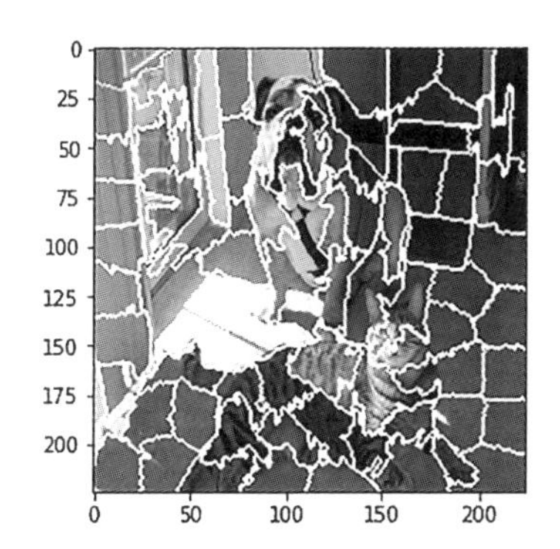

図 7.3 Slic によるサンプル画像の領域分割

Slic による領域分割の結果（**図 7.3**）は、quickshift によるもの（**図 7.2**）よりも細かく分割されていることが分かります。こちらの方が、より精細な説明を得られると期待できます。

● LIME による説明の作成

上記の分割を用いて、LIME を適用してみましょう。以下のように、予測スコアの高い上位 5 個の分割を求めます。

リスト 7.11：LIME による説明の作成手順

```
def batch_predict(images):
    # 画像のプリプロセスと batch 化
    batch = torch.stack(tuple(preprocess(i) for i in images), dim=0)
    batch = batch.to(device)

    # モデルの推論
    logits = model(batch)
    probs = F.softmax(logits, dim=1)
    return probs.detach().cpu().numpy()

from lime import lime_image

explainer = lime_image.LimeImageExplainer(random_state=42)
explanation = explainer.explain_instance(
    np.array(img),
    batch_predict,
    top_labels=2,
```

```
    hide_color=0,
    num_samples=5000,
    segmentation_fn=segmentation_fn
)
```

7.5.2 LIMEの説明の可視化と解釈

上記で得られた説明を可視化して、解釈します。まずはbull_mastiffについての可視化を行います。

LIMEでは、explanation.top_labelsに対象データの分類結果に対応するラベルIDが格納されています。そして、explanation.top_labels[0]には、ResNet50モデルが最も高い確率で予測したbull_mastiffのラベルIDが格納されています。

リスト7.12：LIMEに格納されたbull_mastiff予測ラベル

```
class_index = explanation.top_labels[0]
class_label = idx2label[class_index]
print(f"class_index: {class_index}, class_label: {class_label}")
## LIMEに格納された最上位の分類結果
class_index: 243, class_label: bull_mastiff
```

LIMEでは、get_image_and_maskという可視化関数が提供されています。bull_mastiffのラベルIDを指定してget_image_and_maskを使うと、モデルの注視した領域をLIMEによって可視化することができます。

リスト7.13：bull_mastiff予測で注視した領域の可視化

```
image, mask = explanation.get_image_and_mask(
    class_index, positive_only=False, num_features=5, hide_rest=False
)
img_boundary = mark_boundaries(image, mask)
plt.imshow(img_boundary)
```

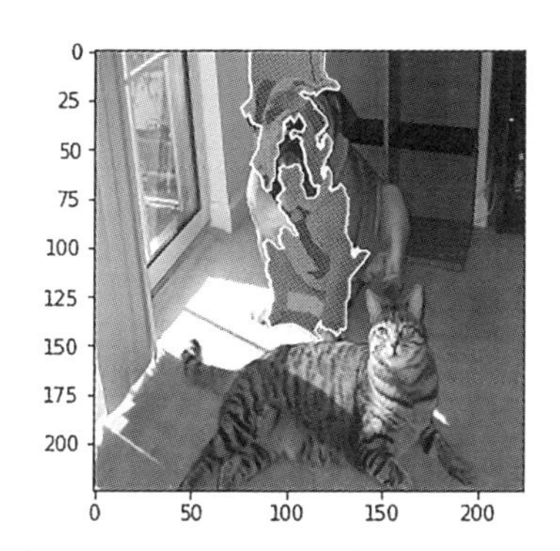

図 7.4 bull_mastiff 予測で注視した領域

図 7.4 は、bull_mastiff の予測結果について、get_image_and_mask を使って可視化したものです。この画像では、犬に焦点が当っており、モデルは犬の特徴を捉えていることが見て取れ、期待したとおりの挙動をしていることがわかりました。ここでもし、犬とは関係のない領域に大きく焦点が当っているとしたら、想定外のバイアスがデータに含まれていることなどが考えられます。その場合は、モデルの学習過程を慎重に精査する必要があります。

続いて、tiger_cat についての可視化を行います。ResNet50 モデルが 2 番目に高い確率で予測した tiger_cat のラベル ID は、explanation.top_labels[1] に格納されています。

リスト 7.14：LIME に格納された tiger_cat 予測ラベル

```
class_index = explanation.top_labels[1]
class_label = idx2label[class_index]
print(f"class_index: {class_index}, class_label: {class_label}")
## LIME に格納された2位の分類結果
class_index: 282, class_label: tiger_cat
```

先ほどと同様に、tiger_cat のラベル ID を get_image_and_mask に与えることで、可視化を得ることができます。

リスト 7.15：tiger_cat 予測で注視した領域の可視化

```
image, mask = explanation.get_image_and_mask(
    class_index,
    positive_only=False,
    negative_only=False,
    num_features=5,
```

```
    hide_rest=False
)
img_boundary = mark_boundaries(image, mask)
plt.imshow(img_boundary)
```

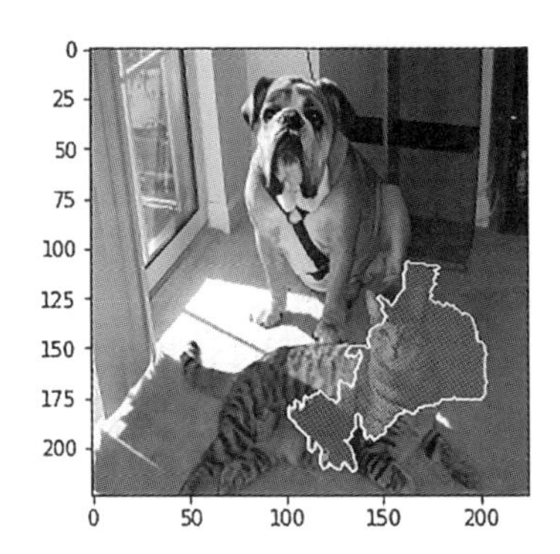

図 7.5　tiger_cat 予測で注視した領域

こちらも猫に焦点が当っており、期待したとおりの 挙動をしていることが分かります。猫と犬それぞれの領域を注視して、モデルは推論結果を出力していることが見て取れます。

●寄与の大きい部分領域

相関の強い上位5個の領域を可視化しましたが、それぞれの部分領域をより詳しく可視化することで、モデルの注視している領域を把握してみましょう。

explanation.local_exp には、サンプリングされたデータに対する回帰分析により得られた、特徴ごとの回帰係数が格納されています。この回帰係数から、特徴ごとの予測に対する影響の強さを知ることができます。画像の場合には、各画像領域がサンプリングされ特徴として与えられているので、画像領域ごとの寄与度の強さを知ることができます。

この explanation.local_exp は、画像領域の index と寄与度の対になっており、寄与度の高い順にソートされて保持されています。これを直接出力することで寄与度の高い部分領域を一つひとつ把握しましょう。なお、前述の可視化関数 get_image_and_mask は、この explanation.local_exp を可視化しているものです。

bull_mastiff 予測に対する寄与度の高い領域の上位5位は、**図 7.6** から**図 7.10** のような領域と寄与度になっています。

リスト 7.16：bull_mastiff 予測への寄与度の高い領域の可視化

```
# bull_mastiff の index の取得
index = explanation.top_labels[0]

for i in range(5):
    # 領域の index と寄与度
    area_index, value = explanation.local_exp[index][i]
    print(f"area_index: {area_index}, value: {value}")

    # 画像の可視化
    image = explanation.image.copy()
    c = 0 if value < 0 else 1
    image[segments == area_index, c] = np.max(image)
    plt.imshow(image)
    plt.show()
```

図 7.6　bull_mastiff 予測への寄与度 1 位の領域
（寄与度：0.012359760404977338）

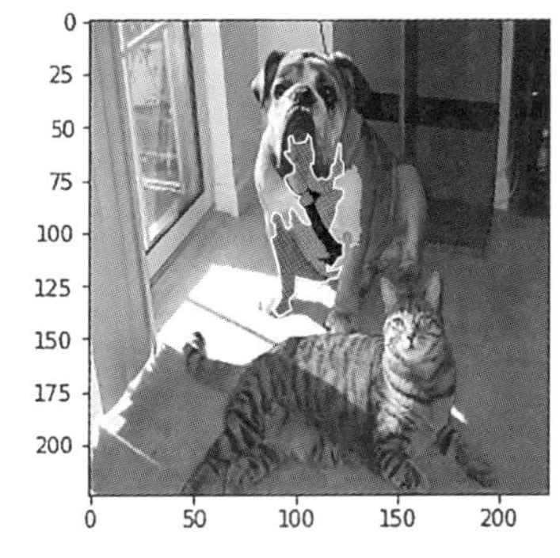

図 7.7　bull_mastiff 予測への寄与度 2 位の領域
（寄与度：0.018792024463689213）

図 7.8　bull_mastiff 予測への寄与度 3 位の領域
（寄与度：0.015318498454804312）

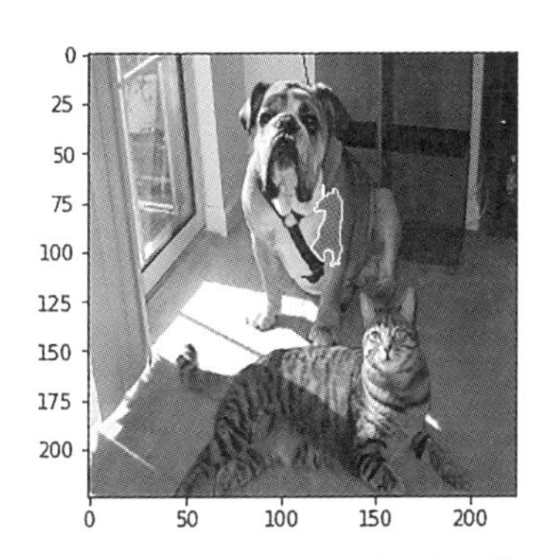

図 7.9　bull_mastiff 予測への寄与度 4 位の領域
（寄与度：0.014554434404866097）

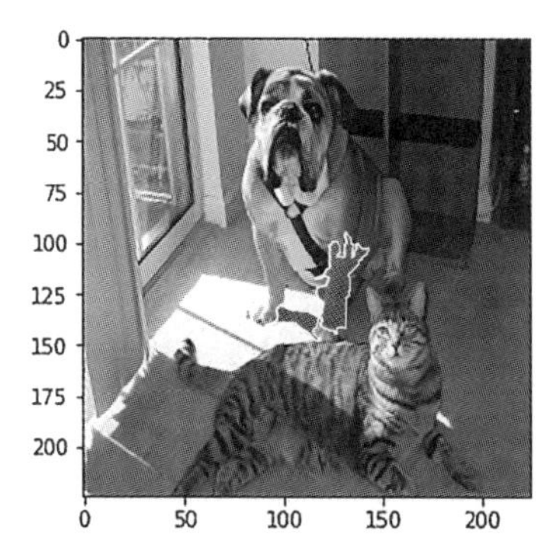

図 7.10　bull_mastiff 予測への寄与度 5 位の領域
（寄与度：0.013509783326046292）

これらの図からは、犬の顔の周囲や胸など部位を、モデルが捉えていることが見て取れます。bull_mastiff は頭が大きく顔が垂れており、胸が広いことが特徴的であり、それらに焦点が当っていることから、対象の特徴をよく捉えていることがわかります。

続いて tiger_cat 予測における寄与度の高い領域上位 5 位は、**図 7.11** から**図 7.15** の領域と寄与度になっています。

リスト 7.17：tiger_cat 予測への寄与度の高い領域の可視化

```
# tiger_catのindexの取得
index = explanation.top_labels[1]

for i in range(5):
    # 領域のindexと寄与度
    area_index, value = explanation.local_exp[index][i]
    print(f"area_index: {area_index}, value: {value}")

    # 画像の可視化
    image = explanation.image.copy()
    c = 0 if value < 0 else 1
    image[segments == area_index, c] = np.max(image)
    plt.imshow(image)
    plt.show()
```

図 7.11 tiger_cat 予測への寄与度 1 位の領域
（寄与度：0.0021672705126358966）

図 7.12 tiger_cat 予測への寄与度 2 位の領域
（寄与度：0.0019841547269676416）

図 7.13 tiger_cat 予測への寄与度 3 位の領域
（寄与度：0.0018928265114642028）

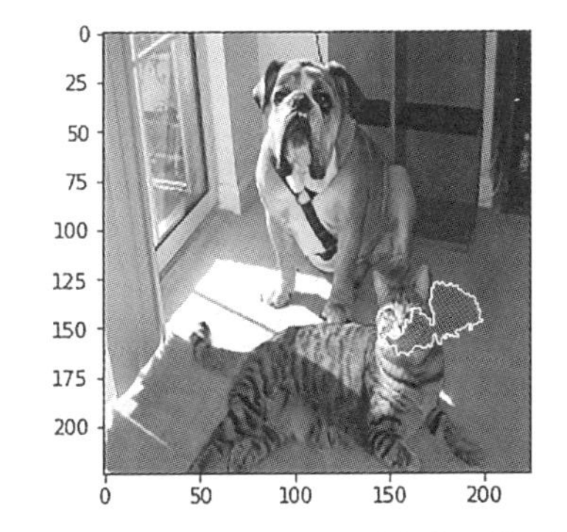

図 7.14 tiger_cat 予測への寄与度 4 位の領域
（寄与度：0.0018439497169177562）

図 7.15 tiger_cat 予測への寄与度 5 位の領域
（寄与度：0.0012729314573109167）

これらの図からは、特に顔の周辺に焦点が当たっていることがわかり、猫の顔の周辺の特徴に基づいて推論を行っていることが分かります。

●全領域に対する可視化

ここまで、予測に対する寄与度上位5位の部分領域について可視化しましたが、すべての領域について、その寄与度に応じて色をつけることもできます。これにより、画像全体での注視点を可視化でき、画像全体について理解を深めることができます。

まず、bull_mastiffに対して可視化処理を施します。**図7.16**のように、bull_mastiff予測への寄与度に応じて画像全体がグラデーションで表現されています。(赤に近づくほど予測への寄与度が高く、青に近づくほど予測へ寄与度が低くなります。本書は2色印刷のため、青を黒に置き換えて再現しています。)

リスト7.18:bull_mastiff予測への画像全体の寄与度の可視化

```
# bull_mastiffのindexの取得
index =  explanation.top_labels[0]

# heatmapの生成
dict_heatmap = dict(explanation.local_exp[index])
heatmap = np.vectorize(dict_heatmap.get)(explanation.segments)

# heatmapの可視化
plt.imshow(img)
plt.imshow(heatmap,alpha=0.5, cmap='jet')
plt.colorbar()
```

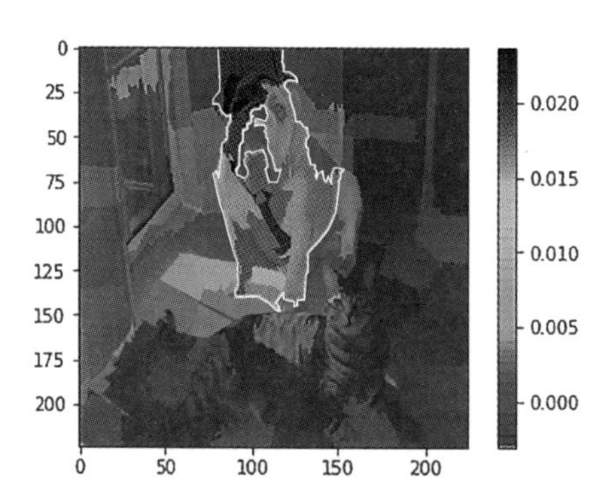

図7.16 bull_mastiff予測への画像全体の寄与度の可視化

続いて、tiger_catの可視化を行います。

リスト 7.19：tiger_cat 予測への画像全体の寄与度の可視化

```
# tiger_cat の index の取得
index =  explanation.top_labels[1]

# heatmap の生成
dict_heatmap = dict(explanation.local_exp[index])
heatmap = np.vectorize(dict_heatmap.get)(explanation.segments)

# heatmap の可視化
plt.imshow(img)
plt.imshow(heatmap, alpha=0.5, cmap='jet')
plt.colorbar()
```

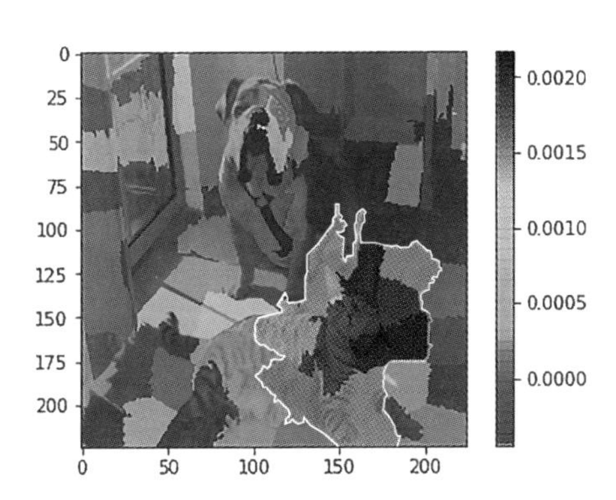

図 7.17　tiger_cat 予測への画像全体の寄与度の可視化

図 7.16、**図 7.17** のどちらも、犬や猫の領域以外は寄与度が低いことが分かります。関係ない領域に焦点が当っていないので、想定外のバイアスが判断に作用していないことが分かります。

7.5.3 LIMEによる説明についてのまとめ

LIME は任意の分類モデルに対して、あるサンプルの判断根拠として、どのパラメータがより強く効いているかを見積もることができる手法であり、画像に関しても有用な情報を簡単に得ることができました。実際、犬と猫の画像について説得力のある説明を得ることができ、画像を評価することができました。その一方で、以下に挙げるようないくつかの課題もあります。

1. 説明を得るためにサンプリングしたデータに対して推論を行う必要があり、やや計算時間がかかります。
2. 説明は領域の分割に依存しており、領域の分割よりも細かく説明を得ることができません。分割を細かくした場合には、それに合わせてサンプリング数を増やす必要があり、精細な可視化が難しい場合があります。

画像に対する LIME の説明には、領域の分割手法やサンプリング数など、多くのハイパーパラメータを設定しなければなりません。ハイパーパラメータの調節が説明の結果に影響を及ぼす場合があり、設定には注意を要します。

7.6 Grad-CAMによる説明

LIMEに続いて、**Grad-CAM**を使って、学習済みAIモデルの予測結果に対する説明を得るまでの手順を紹介します。Grad-CAMによる画像認識モデルの解釈を行う際には、モデルのレイヤーから重要な特徴を抽出し、どの特徴が有効であったかを把握します。

Grad-CAMではサンプリングしたデータに対して推論を行う必要がなく、LIMEに比べ高速かつ、より精細な可視化が可能です。また、Grad-CAMは分類以外のタスクにも可視化を実施でき、画像認識一般に対しての可視化も可能です。

まず、pytorch-grad-camと、他の必要なモジュールをインストールします。依存モジュールであるtorch、torchvision、opencvが必要になりますが、torchとtorchvisionは前節でインストール済みなので、opencvを新たに導入します。

リスト7.20：opencvのインストール

```
pip install opencv-python==4.5.1.48
```

pytorch-grad-camをgitにより直接モジュールとしてダウンロードします[4]。また2021年1月時点の最新版にするため、その時点における最新のコミットハッシュにチェックアウトします。

リスト7.21：pytorch-grad-camインストールの準備

```
git clone https://github.com/jacobgil/pytorch-grad-cam.git
!cd pytorch-grad-cam &&
git checkout 6c83c8f  # Check out the latest commit hash on 2021/1
```

なお、gitがインストールされていない場合には、あらかじめインストールしておいてください。debian系OSのUbuntu18.04では、aptを使ってインストールできます。

リスト7.22：gitのインストール（未導入の場合）

```
sudo apt install git
```

pytorch-grad-camをモジュールとして使うにはパスを通す必要があり、環境変数を設定します。

4　2021年6月現在、pipを用いたインストール方法も可能であることを確認済みです。

リスト 7.23：pytorch-grad-cam をパスに追加

```
import sys
sys.path.append("pytorch-grad-cam")
```

比較のために、前節と同じ画像を検証画像として利用します。また、前節と同様に検証で用いるため、ラベル情報が必要です。

7.6.1 Grad-CAMによるAIモデルの説明

それでは、Grad-CAM を使って、AI モデルの予測結果に対する説明を得るまでの手順を紹介します。先ほどと同じ画像データから、bull_mastiff と tiger_cat という予測を行ったモデルについて解釈を行います。

Grad-CAM では、可視化で用いるモデルのレイヤーを指定する必要があり、モデルの引数にレイヤーの情報を与えます。

リスト 7.24：Grad-CAM への可視化レイヤーの指定

```
from gradcam import  GradCam
grad_cam = GradCam(
    model=model,
    feature_module=model.layer4,
    target_layer_names=["2"],
    use_cuda=torch.cuda.is_available()
)
grayscale_cam = grad_cam(img_tensor, idx2label.index("bull_mastiff"))
```

7.6.2 Grad-CAMの説明の可視化と解釈

Grad-CAM は寄与度をグレースケールの画像として出力します。そこで、入力画像とグレースケールの画像を重ね合わせ、より分かりやすい画像の形で可視化します。以下で生成されるグラデーションでは寄与度が大きい領域は赤く、寄与度が小さい領域は青くなります。

まず、bull_mastiff に対して可視化処理を施します。

リスト 7.25：bull_mastiff 予測に対する Grad-CAM による可視化

```
import cv2

plt.imshow(img)
plt.imshow(
    cv2.resize(grayscale_cam, (image.shape[1], image.shape[0])),
    alpha=0.5,
    cmap='jet'
)
plt.colorbar()
```

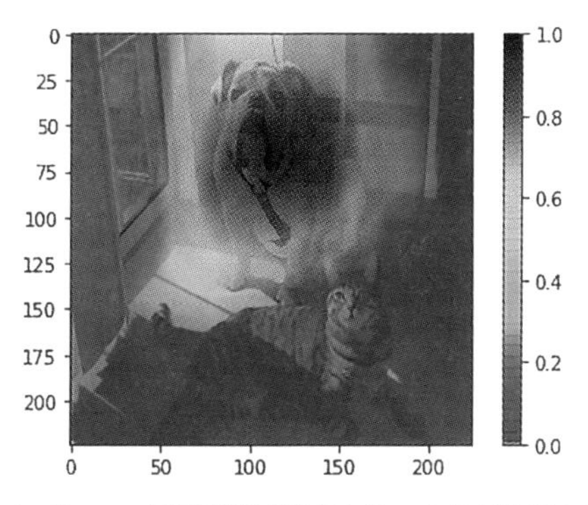

図 7.18 bull_mastiff 予測に対する Grad-CAM による可視化

続いて、tiger_cat についてのモデルの可視化を行います。

リスト 7.26：tiger_cat 予測に対する Grad-CAM による可視化

```
grayscale_cam = grad_cam(img_tensor, idx2label.index("tiger_cat"))

plt.imshow(img)
plt.imshow(
    cv2.resize(grayscale_cam, (image.shape[1], image.shape[0])),
    alpha=0.5,
    cmap='jet'
)
plt.colorbar()
```

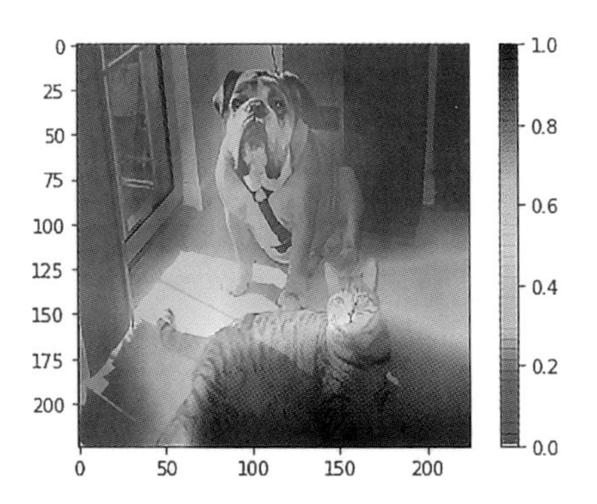

図 7.19 tiger_cat 予測に対する Grad-CAM による可視化

図 7.18、**図 7.19** のどちらも、犬や猫の体の領域において寄与度が大きくなっています。パラメータ設定にもよりますが、LIME では数千回前後推論を行う必要があり、実行には数分間の時間がかかります。一方、Grad-CAM はサンプリングしたデータに対して推論を行う必要がなく、一度推論を行うだけで結果を得ることができ、圧倒的に高速です。また、ハイパーパラメータなどの調節も不要であり、より簡単に使えます。

7.6.3 Grad-CAMによる説明のまとめ

Grad-CAM は、CNN の中間層から情報を引き出すことで、どの特徴が効いているかを見積もることができる手法であり、画像に対して有用な情報を得ることができました。実際、LIME と同様に、犬と猫の画像について説得力のある説明を得ることができ、画像認識モデルを評価することができました。

Grad-CAM の方法はランダムサンプリングを伴わないため、LIME と比較していくつか利点があります。LIME では、画像を説明するために、領域の分割手法やサンプリング数など、多くのハイパーパラメータの設定が必要でした。ハイパーパラメータの調節が説明結果に影響を与える場合があり、設定に注意が必要です。Grad-CAM は、LIME で必要であったハイパーパラメータの検討が不要になり、より簡単に説明を得ることができます。

また、説明を得るために、サンプリングした多量のデータに対して推論を行う必要がなく、LIME と比較して計算時間がかからないため、短い時間で結果を得ることができます。

検証成果のまとめ

7章では、画像認識モデルに対する説明を得るための、2つの手法を適用しました。

1. XAIの汎用な手法であるLIME
2. CNNに適用可能で、中間層を抽出するGrad-CAM

どちらの手法においても、画像の特徴を可視化・把握することができました。以下、それぞれの手法の利点と欠点を改めてまとめます。

LIMEは予測モデルの実装に依存しないため、予測モデルの取り換えを柔軟に実施できるという汎用性があります。しかしその一方で、ランダムにサンプリングしたデータに対して推論を行うため、計算時間が長くなる傾向や、利用されるランダムサンプルに結果が左右される欠点があります。

Grad-CAMは、サンプリングしたデータに対して推論を行う必要がなく、比較的高速かつより精細に可視化できる利点があります。また、領域の分割が不要であり、検討すべきハイパーパラメータが少なくて済みます。近年、画像認識ではCNNが基本的なモデルになっていることから、多くの場面で、Grad-CAMの適用により適切に画像認識モデルを可視化できると考えられます。その一方で、古典的なモデルや近年研究が進んでいるTransformerなど、CNNをベースとしない画像認識モデルに対しては適用できません。

取り扱うモデルの汎用性に応じて、適切なXAI手法を選択すべきと考えられます。

第8章

LIMEとIntegrated Gradientsによるテキスト分類の局所説明

本章ではテキストデータを扱います。テキストデータは、テーブルデータ以外のデータ例として、画像と並んでよく利用されます。本章では、テキストデータからクラスを判別するモデルに対して XAI の手法を適用します。日本語ウィキペディアで学習済みの BERT をファインチューニング（fine tuning）したモデルに **LIME** を適用して、LIME の出力結果に対する確認方法を説明します。その後、ディープラーニングに適した手法である **Integrated Gradients** を適用し、その利点を説明します。

8.1 検証の目的

本章では、日本語の自由文テキストについてカテゴリ予測を行う判別タスクを考えます。あるテキストが何らかのカテゴリに入ると予測された場合に、テキストのどの部分が予測の根拠となったのかを、各種のXAI手法で確認します。テキストデータはテーブルデータや画像データと性質が大きく異なりますが、各種手法の適用手順を通して、テキストに対する説明可能なAIの考え方を理解しましょう。

ここで、テキストを使った機械学習の手法を概観しておきます。テキストデータは、テーブルデータのように構造化されたデータではありません。そのため機械学習では一般的に、対象テキストを単語単位に分割（tokenize）した上で、単語の系列情報を予測などのタスクに用います。

この単語の系列を使う手法は、次のように分類されます。

1. 単語の出現有無または頻度情報（Bag of Wordsなど）のテーブル形式にして、テーブルデータと同じ手法を適用する
2. 単語の出現時系列に対して再帰型ニューラルネットワーク（RNN：Recurrent Neural Network）を適用する
3. Transformerを利用した手法を適用する（BERTなど）

このうちBERTは、2018年に発表された手法であり、学習済みモデルを様々なタスクにfine tuning[1]して転用することで、比較的高い精度を出すことが知られています。本章では、このBERTが今後様々な局面で利用される可能性が高いことを踏まえ、日本語のテキストで学習したBERTモデルを、検証データのテキスト分類に対しfine tuningして利用し、そのモデルにLIMEなどの手法を適用することを考えます。

テキストデータは単語の系列ですから、テーブルデータや画像データのように、入力値の大きさに相当する情報がありません。そのため、入力値にノイズを直接与えることができません。その解決策として、本書では2つの方法を説明します。

- 入力したテキストの一部をマスクする方法（LIME）
- 入力したテキストの埋め込みベクトルの情報を使う方法（Integrated Gradients）

1　fine tuningとは、学習済みモデルを用い、対象データに対して追加の学習を行うことで、特定のドメインに適合するように、モデルをチューニングすることを言います。BERTでは、マスクされた単語を予測するための事前学習（MLM）を行ったモデルを使い、目的とする各種タスクに向けてfine tuningを行うことで、精度の高い性能を出せる手法として知られています。

8.2 ライブラリの準備

まず、モデルの学習に先立って、必要なライブラリを準備します。テキストデータのカテゴリ判別モデルを構築するには、PyTorch と transformers パッケージを利用します。今回 transformers から利用する日本語 BERT モデルは、fugashi と ipadic を用いて単語ごとに「分かち書き」をするため、これらも合わせてインストールする必要があります 。

XAI の用途には lime と captum を用います。また、モデルの学習には GPU の利用を推奨します。

リスト 8.1：ライブラリのインストール

```
pip install -U pip
pip install torch==1.7.0 fugashi==1.0.5 ipadic==1.0.0 \
    transformers==4.0.0 lime==0.2.0.1 captum==0.3.0 \
    scikit-learn==0.22.1 numpy==1.19.4
```

Python スクリプトの実行に先立ち、必要なライブラリをインポートしておきます。また、デバイス情報と乱数系列を指定しておきます。

リスト 8.1：ライブラリのインポート

```
# ライブラリのインポート
import os
import re
import sys

from captum.attr import visualization as viz
from captum.attr import LayerIntegratedGradients
from lime.lime_text import LimeTextExplainer
import numpy as np
import torch
from torch.nn import functional as F
import transformers
from sklearn.model_selection import train_test_split

# BERT モデルの動作デバイス
```

```
device = torch.device("cuda" if torch.cuda.is_available() else "cpu")

# 乱数系列の指定
torch.manual_seed(0)
```

8.3 検証対象データ

今回検証対象とするデータには、「Livedoor ニュースコーパス」を用います。このデータをダウンロードし、tar を展開すると、ニュースコーパスファイルを含む text/ ディレクトリが作成されます。ここでは /tmp/text に展開しておきます。

リスト 8.3：コーパスのダウンロード

```
curl https://www.rondhuit.com/download/ldcc-20140209.tar.gz \
  -o /tmp/livedoor.tar.gz
tar zxf /tmp/livedoor.tar.gz -C /tmp
```

このファイルから学習データとして、ニューステキストと、そのニュースが分類されるカテゴリを抽出するために、次のヘルパークラスを利用します。

リスト 8.4：コーパス読み込みヘルパークラス

```
class LivedoorData(object):
    def __init__(self, data_dir='/tmp/text/'):
        self.data_dir = data_dir

    def _get_texts(self, category):
        category_dir = os.path.join(self.data_dir, category)
        filenames = [
            filename for filename in os.listdir(category_dir)
            if re.search(r'^.*\.txt$', filename)
        ]
        texts = []
        for filename in filenames:
            fpath = os.path.join(category_dir, filename)
```

```
            with open(fpath, 'r', encoding='utf-8') as fp:
                fp.readline()
                fp.readline()
                buf = []
                for line in fp:
                    buf.append(line.strip().replace(r'\s', ''))
            texts.append(' '.join(buf))
        return texts

    def get_categories(self):
        categories = [
            category for category in os.listdir(self.data_dir)
            if os.path.isdir(os.path.join(self.data_dir, category))
               and not re.search(r'^\.', category)
        ]
        return categories

    def read(self, categories=None):
        all_categories = self.get_categories()
        if categories:
            categories = [
                category for category in categories
                if category in all_categories
            ]
        else:
            categories = all_categories

        self.X, self.y = [], []
        for category in categories:
            texts = self._get_texts(category)
            self.X.extend(texts)
            self.y.extend([category] * len(texts))

    def get_data(self):
        if not self.X and not self.y:
            self.read()
        return self.X, self.y
```

今回は、これらのテキストのうち、次の3つのカテゴリを判別するためのモデルを構築します。

- Sports Watch
- 家電チャンネル
- MOVIE ENTER

ヘルパークラスを使って、ニュースを抽出します。Xの各行にはニューステキスト、yにはその行に対応するカテゴリ名が入ります。y_indicesで、カテゴリの番号に変換しておきます。

リスト8.5：コーパスデータの読み込み

```
# 今回対象となるニュースカテゴリ
target_categories = ['sports-watch', 'kaden-channel', 'movie-enter']
n_category = len(target_categories)

# 指定したニュースデータの抽出
#  X: ニューステキスト , y: カテゴリ名
livedoor = LivedoorData()
livedoor.read(categories=target_categories)
X, y = livedoor.get_data()

# カテゴリ名のlistをカテゴリの番号にする
y_indices = np.array([target_categories.index(v) for v in y])
```

8.4 モデルの学習と予測

判別に用いる日本語 BERT モデルには、Transformers パッケージを利用します。このパッケージを通じて、BERT や関連する様々な手法の学習済みモデルを利用できます。今回は、東北大学 乾・鈴木研究室による日本語 wikipedia 学習済みモデルを用います。

また、簡易に fine tuning を進めるために、BertForSequenceClassification と呼ばれるモデルが transformers パッケージで利用できるので、これをそのまま利用することを考えます。このモデルは、BERT モデルの最終層の出力で得られる文全体を表すベクトル表現（<CLS> タグの出力）に、全結合層とソフトマックス関数を付けたニューラルネットワークです。

なお、transformers では tokenizer（単語分割器）も用意しており、モデルの準備と一緒に tokenizer も用意しておきます。cl-tohoku モデルでは、Mecab（ipadic）で分かち書きした後に、SentencePiece を使って 、BPE と呼ばれるさらに細かい単位に分割した単語を用いています。本稿の執筆時点（2021 年 1 月）での cl-tohoku の tokenizer では、Mecab のラッパーとして fugashi をインストールしておく必要があります。

リスト 8.6：BERT 学習済みモデルの呼び出し

```
import transformers

model_name = 'cl-tohoku/bert-base-japanese-whole-word-masking'
tokenizer = transformers.AutoTokenizer.from_pretrained(model_name)
model = transformers.AutoModelForSequenceClassification \
    .from_pretrained(model_name, num_labels=3, output_attentions=True)

model = model.to(device)
```

Model（学習済みモデル）は単語 id の系列を入力とするため、まずは読み込んだニュースを、tokenizer を用いた単語 id へと変換します。それには、一括変換用の関数 tokenizer.batch_encode_plus() を用います。なお、BERT モデルは系列長が長すぎると学習・予測ともに非常に時間がかかるため、単語 id の系列長 256 より長いものは切り捨てます（truncation）。一方、それより短いものはダミー値で埋めて（padding）、系列長 256 に揃えます。

単語 id に変換したあと、学習データと検証データに分割します。

リスト 8.7：テキストデータの変換

```
# 最大 token id 長
max_length = 256

tokenized = tokenizer.batch_encode_plus(
    X, padding=True, truncation=True,
    max_length=max_length, return_tensors='pt')

tensor_X = tokenized['input_ids']
tensor_y = torch.tensor(y_indices)
tensor_mask = tokenized['attention_mask']

X_train, X_valid, y_train, y_valid, mask_train, mask_valid = \
  train_test_split(tensor_X, tensor_y, tensor_mask,
                   train_size=0.75, random_state=42)
```

これらのデータで fine tuning を実施します。最適化アルゴリズムには、Transformers パッケージで提供されている AdamW を用います。ハイパーパラメータとして、小さめの learning rate かつ少なめのバッチサイズ、epoch 回数で実施します。

リスト 8.8：BERT モデルの fine tuning

```
n_epoch = 3
batch_size = 16

n_batch_train = X_train.shape[0] // batch_size + 1
n_batch_valid = X_valid.shape[0] // batch_size + 1

optimizer = transformers.AdamW(model.parameters(), lr=1e-5)


def calculate_loss(model, X_target, y_target, mask_target, i_batch,
                   batch_size=batch_size):
    idx_from = i_batch * batch_size
    idx_to = (i_batch + 1) * batch_size

    X_batch = X_target[idx_from:idx_to].to(device)
```

```
    y_batch = y_target[idx_from:idx_to].to(device)
    mask_batch = mask_target[idx_from:idx_to].to(device)

    logits = model(X_batch, attention_mask=mask_batch)['logits']
    loss = F.cross_entropy(logits, y_batch)
    nrow = X_batch.shape[0]

    return loss, nrow

for i_epoch in range(n_epoch):
    print(f'--- epoch {i_epoch + 1} / {n_epoch}')

    # 学習ステップ
    loss_sum = 0
    model.train()

    for i_batch in range(n_batch_train):
        optimizer.zero_grad()
        loss, nrow = calculate_loss(model, X_train, y_train,
                                    mask_train, i_batch)
        loss_sum += loss.cpu().detach().numpy().item() * nrow
        loss.backward()
        optimizer.step()

    loss_train = loss_sum / X_train.shape[0]
    print(f'  loss (train) : {loss_train:.4f}')

    # 検証ステップ
    loss_sum = 0
    model.eval()

    for i_batch in range(n_batch_valid):
        loss, nrow = calculate_loss(model, X_valid, y_valid,
                                    mask_valid, i_batch)
        loss_sum += loss.cpu().detach().numpy().item() * nrow

    loss_valid = loss_sum / X_valid.shape[0]
    print(f'  loss (valid) : {loss_valid:.4f}')
```

8.5 LIMEによるモデルの解釈

Fine tuningしたBERTモデルに日本語テキストを入れた時の判別結果について、LIMEを使ってその判断根拠を抽出します。

LIMEでは、入力データにノイズを入れ、ノイズへの応答から、特徴量が目的変数に及ぼす影響の強さを測定します。テキストの場合、入力テキストを単語に分割した際、単語をランダムにマスクすることでノイズの代替とします。ここでは、LIMEに実装されているLimeTextExplainerというテキスト専用のクラスを用います。このクラスの利用に先立ち、確率値を算出する関数を実装しておきます。scikit-learnの判別モデルのpredict_proba()と同様のインタフェースで実装された関数を、LimeTextExplainerに渡す必要があります。デフォルトではランダムに単語を入れ替えたテキストを1度に1000個サンプリングして予測を実行するので、メモリ不足の回避のために適切にミニバッチ化して、予測する関数を実装しておきます。

リスト8.9：LIMEで使う確率算出クラス

```
def predict_proba(texts, model=model, tokenizer=tokenizer,
                  max_length=max_length, batch_size=batch_size):
    tokenized = tokenizer.batch_encode_plus(
        texts, padding=True, truncation=True,
        max_length=max_length, return_tensors='pt')
    ids, masks = [tokenized[key]
                  for key in ['input_ids', 'attention_mask']]

    n_batch = ids.shape[0] // batch_size + 1
    list_prob = []
    for i_batch in range(n_batch):
        idx_from = i_batch * batch_size
        idx_to = (i_batch + 1) * batch_size

        ids_batch = ids[idx_from:idx_to].to(device)
        mask_batch = masks[idx_from:idx_to].to(device)

        logits = model(ids_batch, attention_mask=mask_batch)['logits']
        prob = F.softmax(logits, dim=1).cpu().detach().numpy()
        list_prob.append(prob)

    return np.vstack(list_prob)
```

ところで、この LimeTextExplainer の挙動は、デフォルトでは次のようになっています。

- 入力テキストの単語をスペースで分割する。
- 分割された単語をランダムに、不明単語を意味する「UNKWORDZ」という単語に置き換える。

ここでは日本語 BERT モデルの前提に合わせるために、挙動を次のように変えます。

- 入力テキスト（日本語）を分かち書きする。ただし、BERT の単語レベル（subword）では細かすぎるので、Mecab の分割レベルで止める。
- 分割された単語をランダムに置き換える文字列は、BERT における <PAD> token に置き換えるようにする。

tokenizer の方は、BERT 学習用とは別に word_tokenizer として作ります。その際、subword に分割しないよう、オプション do_subword_tokenize=False を指定します。分かち書きについては、LimeTextExplainer にテキストを入力する前に、あらかじめ分かち書きしておく方法もありますが、オプション split_expression に tokenize 関数を与えるとその関数を使って分割してくれるので、split_expression=word_tokenizer.tokenize として直接与えることにします。

リスト 8.10：LimeTextExplainer の準備

```
word_tokenizer = transformers.AutoTokenizer.from_pretrained(
    model_name, do_subword_tokenize=False)
explainer = LimeTextExplainer(
    class_names=target_categories,
    split_expression=word_tokenizer.tokenize,
    mask_string=tokenizer.pad_token,
    random_state=0)
```

準備ができたので、実際にテキストを入れてみます。ここでは次のテキストを考えます。コーパスに含まれるテキストではありませんが、家電チャンネル（kaden-channel）に分類されることを意図しています。

リスト 8.11：LIME 用サンプルテキスト 1

```
sample_text = '超薄型パソコンの新機種が年末までに世界での販売エリアを大幅拡大'
```

explainer.explain_instance() を使って、「家電チャンネルに所属する」と判定された根拠を探します。

リスト 8.12：サンプルテキスト 1 に対する LIME の適用

```
exp_result = explainer.explain_instance(
    sample_text, predict_proba, num_features=5,
    labels=[target_categories.index('kaden-channel')])
```

計算結果は、show_in_notebook() を使うことで、色付きのテキストとともに notebook に表示されます。「指定したカテゴリへの影響を強めるもの (kaden-channel)」と、「弱めるもの (NOT kaden-channel)」へと、それぞれ 色分けされて出力されます。単語を複数回使用した場合でも、それらの単語はすべて同じ影響を持つものとして扱われることに注意を要します。色の強さが影響の大きさを表します。

リスト 8.13：サンプルテキスト 1 に対する LIME の結果確認

```
exp_result.show_in_notebook(text=True)
```

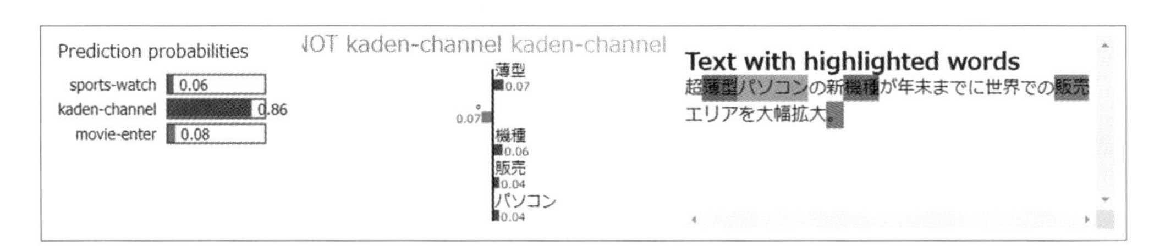

図 8.1　LIME の結果(家電チャンネル)

LIME の結果は、分かち書きされた単語が、影響の高い順に表示されます。また、影響の強さで色付けされた単語が、実際のテキストとして表示されます。**図 8.1** のテキストの場合、「薄型」や「パソコン」といった単語の影響が高い一方で、「年末」や「世界」については、家電チャンネルへの影響が見られないことがわかります。

別のテキストの例を以下に示します。こちらもデータセットに含まれないダミーのテキストですが、MOVIE ENTER へ分類されることを意図しています。

リスト 8.14：サンプルテキスト 2 に対する LIME の適用

```
sample_text = 'アカデミー賞受賞映画の今年のおすすめポイントを紹介します'
exp_result = explainer.explain_instance(
    sample_text, predict_proba, num_features=5,
    labels=[target_categories.index('movie-enter')])
```

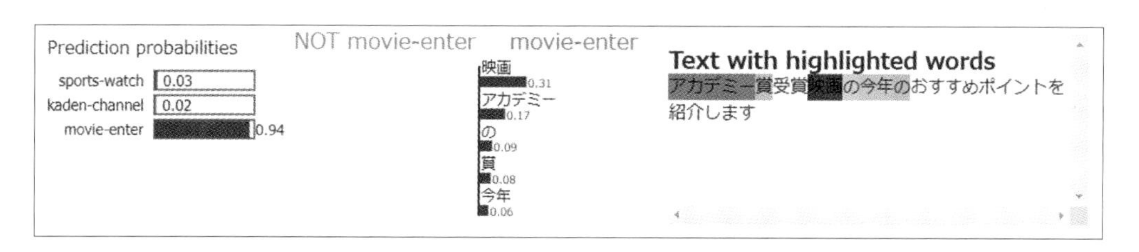

図 8.2　LIME の結果 (MOVIE ENTER)

このケースでも、映画関連の用語の影響力が高いことが分かります。

以上のように、LIME を使うと、ある程度の単語の影響力を確認できます。しかし、LimeTextExplainer では、ランダムに単語をマスクしたテキストを大量にサンプリングすることで結果を得るので、仮にモデルを固定にした場合でも、得られる結果は一般的に毎回異なる点に注意を要します。特に長いテキストでは、マスク対象が増えるため、結果が安定しない可能性が考えられます。

また、表記が同じ単語レベルでの置換となるため、出現位置が異なる単語や、表記が同じで意味が異なる用法の単語について、影響度を区別することは原理的に不可能という限界があります。

8.6 Integrated Gradientsによる方法

テキストデータを判別するモデルの主流はディープラーニングです。この性質を利用すると、出力結果に対する入力の微分値を使うという、別の方法も適用できます。

Integrated Gradientsは、入力値における出力あたりの微分を使う方法のひとつです。Captumというライブラリでは、途中のLayerの出力値を入力として利用できるLayerIntegratedGradientsが実装されています。この機能を使えば、入力したテキストのtoken（単語）の位置に対応する埋め込みベクトル（embedding）による出力値の微分値から、テキストのtokenごとの影響度を見ることができます。

Integrated Gradientsの利用に先立ち、ヘルパー関数を準備しておきます。

まず、テキストをtoken idに変換する関数encode_with_reference()を実装します。Integrated Gradientsでは、比較基準（reference）を用意する必要があるため、すべてのtokenを <PAD> に変更したものをreferenceとして出力するようにします。

リスト8.15：Integrated Gradientsで使う変換関数

```
def encode_with_reference(tokenizer, text, device=device):
    encoded = tokenizer.encode_plus(text, return_tensors='pt')
    input_ids = encoded['input_ids']
    masks = encoded['attention_mask']
    ref_ids = torch.tensor([
        [tokenizer.cls_token_id] +
        [tokenizer.pad_token_id] * (input_ids.shape[1] - 2) +
        [tokenizer.sep_token_id],
    ])
    return input_ids.to(device), ref_ids.to(device), masks.to(device)
```

また、指定したカテゴリの確率値を出力するための関数も用意しておきます。カテゴリは、label番号として指定します。

リスト8.16：Integrated Gradientsで使う確率値算出関数

```
def predict_func(input_ids, attention_mask=None, label=None,
                 model=model, tokenizer=tokenizer):
    logits = model(input_ids, attention_mask=attention_mask)['logits']
    if label is not None:
```

```
        result = F.softmax(logits, dim=1)[:, label]
    else:
        result = F.softmax(logits, dim=1)
    return result
```

サンプルテキストとして、sports-watchに分類されることを意図したテキストを用意しました。「日本代表監督」と「監督を退任」という表現があり、「監督」という用語が2度使われています。

リスト8.17：Integrated Gradientsのサンプルテキスト

```
sample_text = """サッカー日本代表監督が、今日の敗戦結果を踏まえて
監督を退任する意向を表明した。"""
target_category = 'sports-watch'
target_label = target_categories.index(target_category)
```

テキストをtokenに分割し、idに変換します。ヘルパー関数により、すべてのtokenを<PAD>に変換した、ref_idsも得られます。 これが比較基準となります。

リスト8.18：Integrated Gradientsで使うreference

```
input_ids, ref_ids, masks = encode_with_reference(tokenizer, sample_text)
tokens = tokenizer.convert_ids_to_tokens(input_ids[0])
```

LayerIntegratedGradientsの適用に必要な予測値や予測カテゴリなどの情報を事前に作っておきます。

リスト8.19：サンプルテキストの予測結果情報

```
prob = predict_func(input_ids, attention_mask=masks)
prob = prob.cpu().detach().numpy().squeeze(0)
pred_label = np.argmax(prob)
pred_category = target_categories[pred_label]
pred_label_prob = prob[pred_label]
target_label_prob = prob[target_label]
```

LayerIntegratedGradientsは、注目している出力（ここでは指定カテゴリtarget_label）に対する、指定したlayer（ここではmodel.bert.embeddings）の出力の影響を、微分値の数値積分により得ます。利用しているBERTの単語に対応する埋め込みベクトルは768次元であり、attributionsの次元は「入力テキスト長（1）×テキスト単語長（256）×埋め込みベクトルの次元（768）」のサイズを持つpytorchのtensorとなります。

リスト8.20：LayerIntegratedGradientsの適用

```
lig = LayerIntegratedGradients(predict_func, model.bert.embeddings)
attributions, delta = lig.attribute(
    inputs=input_ids, baselines=ref_ids,
    additional_forward_args=(masks, target_label),
    return_convergence_delta=True)
attributions_sum = attributions.sum(dim=-1).squeeze(0)
attributions_sum = attributions_sum / torch.norm(attributions_sum)
```

IntegratedGradients結果の可視化機能も、Captumで提供されています。

リスト8.21：IntegratedGradientsの結果の可視化

```
classification_vis = viz.VisualizationDataRecord(
    attributions_sum,
    pred_label_prob,
    pred_category,
    target_category,
    '',
    attributions_sum.sum(),
    tokens,
    delta)

viz.visualize_text([classification_vis])
```

Legend: ■ Negative □ Neutral ■ Positive

True Label	Predicted Label	Attribution Label	Attribution Score	Word Importance
sports-watch	sports-watch (1.00)		4.43	[CLS] サッカー 日本 代表 監督 が 、 今日 の 敗戦 結果 を 踏まえ て 監督 を 退任 する 意向 を 表明 し た 。 [SEP]

図8.3　Integrated Gradientsの結果

結果を確認すると、「日本代表監督」に含まれる「監督」の方が、「監督を退任」の「監督」よりも色が濃く、結果に強く影響を与えていることがわかります。それぞれの単語位置での影響が個別に算出されるため、一般的にそれぞれの位置での影響度は異なる値となります。

Integrated Gradients を使った方法には、LIME と比較して次の利点があります。

- ランダムサンプリングを伴わないため、結果が都度変動することがない。
- サンプル数は LIME よりも少なくてよいため、計算速度が速い。

特定位置に出現した token ごとの影響度を見ることができるため、出現位置を区別した効果がわかります。

検証成果のまとめ

本章では、学習済みの日本語 BERT モデルを使い、ニュースコーパスデータに対して fine tuning することにより、テキストからニュースカテゴリを予測するモデルを生成しました。モデルの構築においては、テキストを単語レベルへ分割するという、テキストデータに特有の前処理が必要です。XAI 手法の適用においても、この点に留意しましょう。

その上で、この予測モデルに対し、サンプルテキストに含まれる各単語の影響度を見るために、次の2つの手法を適用しました。

- LIME による方法
- Integrated Gradients による方法

いずれの方法でも、予測に影響を与えるテキストの部分を抽出できることを確認しました。それぞれの手法の利点と欠点を改めてまとめます。

LIME による方法は、予測モデルの実装に依存しないため、予測モデルの取り換えを柔軟に実施できるという汎用性があります。一方で LIME は、ランダムサンプリングに基づく方法であるため、利用するランダムサンプルに結果が左右され、特に長いテキストでは計算時間や結果の安定性の面で不利となります。

Integrated Gradients は、BERT のようなディープラーニングモデルが必須となるため、利用局面が限られます。しかし、分析ロジックには、判断対象と比較基準との間を結ぶ、比較的少数の入力値における微分値を用いています。そのため、LIME よりも比較的速く、かつ安定的な結果を得られるという利点があります。また LIME では、表記上同じ単語を同一視した影響度の算出となるため、出現位置で役割の異なる単語の影響を区別できません。その点、Integrated Gradients では、単語が表記上同じであっても、出現位置ごとの影響を区別して求めることができます。

これらの点については、利用目的や、モデル変更の必要性などに応じて選択すべきと考えられます。

Column　Attentionの可視化

今回用いたBERTモデルは、Self-Attentionと呼ばれる構造を内部に持っています。テキストに含まれる単語が持つ意味は、その単語単独で決まるとは限りません。他の位置に置かれた単語との関係によって、その意味が決まることがあります。Self-Attentionでは、そうした他からの影響を考慮することができます。

BERTの場合、1層のTransformer Layerに複数のAttentionを持つ構造（Multi-Head Attention）を持ち、さらにそれが多層となることでモデルを構成しています。今回用いた日本語BERTモデル（cl-tohokuモデル）の場合、Transformerが12層、Multi-Head Attentionが12headsという構造となっており、これらが組み合わさることで最終層の値を出力しています。

今回学習したモデルで、それぞれのLayerとHeadにおいて、Attentionはどのようになっているでしょうか。bertvizというライブラリがあり、これによってAttentionを可視化できます。詳細についてはサンプルnotebookに動作例を示していますので、ぜひ確認してみてください。

例として、映画関連のテキストを入れた場合の、特定Layer/HeadのAttentionを表示したケースを以下に示します。文全体の表現となる<CLS>に対しては、「アカデミー」「今年」「紹介」などの単語が強く関連していることが確認できます。ただし、実際には他のLayer/Headでは全く異なった影響が現れており、その影響の出現の仕方はHeadごとにまちまちです。

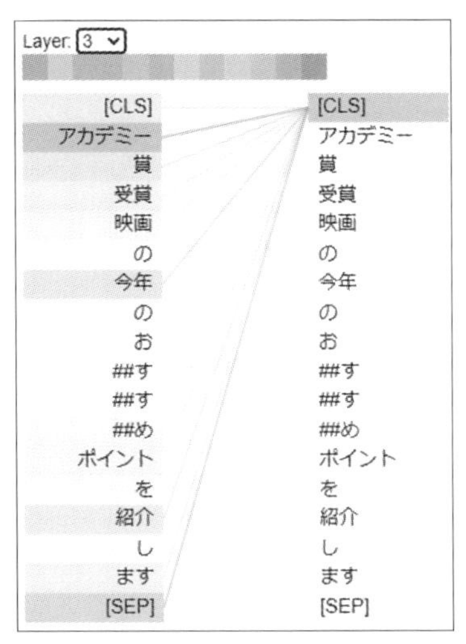

図8.4　bertvizによるAttentionの可視化

構造がシンプルなモデルでは、Attentionから直接、影響を確認できる場合もあります。しかし一般的には、BERTのAttentionを複雑に組み合わせることで、精度を劇的に向上させています。その代償として、1つのテキストの影響力の強さを、BERTのAttentionから直接読み解くのは困難になっています。BERTのような複雑なモデルの場合は、本編で紹介したLIMEやIntegrated Gradientsを使う方法が適切だと考えられます。すなわち、入力と出力の応答関係に基づいて、テキストの各部分の影響度を抽出する方法です。

第9章

SHAPによる局所的・大局的説明と応用

本章では第4章で解説したSHAPライブラリを用いて、モデルの予測値に対する各特徴量の影響度合いの算出・可視化・分析を行います。モデルにはLightGBM、データセットには連続値やカテゴリ値を含んだテーブルデータであるadult income datasetを用います。SHAPでは、ライブラリ側が多くの可視化機能を備えており、手軽に結果が得られます。本章ではその使い方にとどまらず、結果を正しく解釈する方法や、算出されたSHAP値を必要に応じて自身で分析する方法も紹介します。

9.1 説明の準備

9.1.1 環境構築

初めに、本章で必要となるライブラリ一式をpipでインストールします。

リスト9.1：ライブラリのインストール

```
pip install shap lightgbm sklearn matplotlib seaborn
```

Pythonコードの最初には、以下のように、必要ライブラリのインポートと可視化の準備をしておきます。

リスト9.2：ライブラリのインポートと可視化の準備

```
from pprint import pprint
import pandas as pd
import sklearn
import lightgbm as lgb
import shap
import matplotlib.pyplot as plt
import numpy as np
import seaborn as sns
plt.style.use("ggplot")
sns.set(font="meiryo")
```

9.1.2 データセットの準備

今回用いるデータセットadult income datasetは、年齢・職種・年収といった情報を含んでおり、それらの特徴量から「年収が5万ドル以上かどうか」を予測することがタスクになっています。

このデータは、SHAPライブラリの関数からpandasデータフレーム型で取得することができます。データ提供元のホームページからも取得可能ですが、こちらの方法のほうが簡単です。列名の設定や冗長な列の削除、文字列の値をとる特徴量の整数値へのエンコーディングなどの前処理を、関数内で行ってくれるからです。下記のように関数呼び出しを行うことで、説明変数のデータフレームと目的変数を取得することができます。

リスト 9.3：データセットの取得

```
#データセットの取得
X,y = shap.datasets.adult()
# 説明変数
display(X.head())
## 出力結果
      Age  Workclass  Education-Num  Marital Status  Occupation
Relationship  \
0  39.0          7           13.0               4           1
0
1  50.0          6           13.0               2           4
4
2  38.0          4            9.0               0           6
0
3  53.0          4            7.0               2           6
4
4  28.0          4           13.0               2          10
5

   Race  Sex  Capital Gain  Capital Loss  Hours per week  Country
0     4    1        2174.0           0.0            40.0       39
1     4    1           0.0           0.0            13.0       39
2     4    1           0.0           0.0            40.0       39
3     2    1           0.0           0.0            40.0       39
4     2    0           0.0           0.0            40.0        5
# 目的変数
print(y[:10])
## 出力結果
[False False False False False False False  True  True  True]
# データサイズ
print(X.shape)
## 出力結果
(32561, 12)
# 各列のデータ型
print(X.dtypes)
## 出力結果
Age                float32
Workclass             int8
```

```
Education-Num     float32
Marital Status       int8
Occupation           int8
Relationship        int32
Race                 int8
Sex                  int8
Capital Gain      float32
Capital Loss      float32
Hours per week    float32
Country              int8
dtype: object
# 各列の欠損数： 欠損はないので今回は前処理の必要はない
print(X.isna().sum())
## 出力結果
Age               0
Workclass         0
Education-Num     0
Marital Status    0
Occupation        0
Relationship      0
Race              0
Sex               0
Capital Gain      0
Capital Loss      0
Hours per week    0
Country           0
dtype: int64
```

テーブルデータを扱う際、カテゴリ変数のデータ型の設定に気をつける必要があります。今回のデータの場合、"Workclass"や"Marital Status"などカテゴリ型として扱うべきデータ列は、取得時点ではすべて整数値であるint8（8ビット整数型）として取り込まれています。このままモデルに与えてしまうと、カテゴリ値を（エンコードされた整数値の）大小関係で比較した学習を行ってしまいます。そのため、これらの列のデータ型を明示的にカテゴリ型に指定しておく必要があります。なお、"Education-num"についても、教育水準を表すカテゴリ値が実数値に変換されていますが、こちらは大小関係が教育度合いにおおむね一致しているため、今回はそのままにしておきます。

なお、今回モデルとして用いるLightGBMは、pandasのデータフレーム型を読み取りますが、カラムがカテゴリ値であれば適切に処理をする（値が整数であっても、比較可能な数値ではなくカテゴリ値とみなして学習する）ため、今回はこのような処理で問題ありません。しかし他のモデルを用いる際には、そのモデルがカテゴリ値をどのように処理するのかを把握しておかなければなりません。

リスト 9.4：カテゴリ変数の指定

```
for c in X.columns:
    if X[c].dtype==np.int8:
        # データ型を変更
        X[c] = X[c].astype("category")
print(X.dtypes)
## 出力結果
Age                float32
Workclass         category
Education-Num      float32
Marital Status    category
Occupation        category
Relationship         int32
Race              category
Sex               category
Capital Gain       float32
Capital Loss       float32
Hours per week     float32
Country           category
dtype: object
```

データ準備の最後に、取得した説明変数と目的変数を、それぞれランダムに学習用とテスト用に分割しておきます。

リスト 9.5：学習用とテスト用へのデータ分割

```
X_train, X_test, y_train, y_test = sklearn.model_selection.train_test_
split(X,y)
```

9.1.3 モデルの準備

次に、前節で得られたデータを用いて、LightGBMモデルの学習と評価を行います。

LightGBMは「勾配ブースティング木」（Gradient Based Decision Tree）と呼ばれる方法の一種であり、現在の予測と目的変数との誤差を埋めるように、複数の決定木を次々と学習していくようなモデルです。決定木は、説明変数に関する条件分岐を繰り返して目的変数を予測するモデルであり、比較的解釈性のよい機械学習手法です。しかし、LightGBMではこの決定木を（パラメータにもよりますが）数十から数百個以上用いることになり、全体としての解釈性は低くなってしまいます。しかしながら、手軽に使えて、かつ計算速度も速いため、実務や機械学習コンペティションなどで盛んに使われています。

LightGBMにはScikit-APIとLearning-APIという2つのAPI（使用方法）がありますが、今回はScikit-APIから分類モデルを作るLGBMClassifierを使用します。Learning-APIの方がより細かい設定を行うことができますが、今回はSHAPによるモデル理解を目的としているため、簡単に利用できるScikit-APIで十分です。LGBMClassifierは、機械学習ライブラリScikit-learnで使える他の分類モデルと同じようにfit、predict、predict_probaの各メソッドを持つので、これらを使って学習用データでの学習およびテスト用データでのテストスコアの算出を行います。

リスト9.6：LGBMClassifierの学習とテストスコアの算出

```
# モデル学習：
model = lgb.LGBMClassifier()
model.fit(X_train.values, y_train)
# 予測値の算出：
# predict_probの返り値は(0の確率, 1の確率)の2列からなるので、1の確率のみを取り出
しておく
y_pred_prob = model.predict_proba(X_test)[:, 1]
y_pred = model.predict(X_test)
# 予測値の評価：
val = sklearn.metrics.roc_auc_score(y_test, y_pred_prob)
print(f"auc-roc スコア：{val}")
## 出力結果
auc-roc スコア：0.9325258125183006
# 予測結果の混同行列：
display(pd.crosstab(y_test, y_pred))
## 出力結果
col_0  False  True
row_0
```

```
False   5781    342
True     710   1308
```

ここでは予測値（確率）の評価指標として、「AUC-ROC スコア」と「混同行列」を算出しました。詳細は省略しますが、モデルの挙動を理解するための結果としては十分な精度が出ていることを確認できます。

なお本来であれば、高精度なモデルを構築するために必要なステップが多くあります。例えば、データの理解や特徴量の精査、学習・評価・検証用のデータ分割方法の検討、モデルパラメータのチューニング、（分類器であれば）予測値のしきい値の設定などです。しかし本書では、得られたモデルの説明に注力するため、これらのステップを省略しています。チューニングを行わないので、モデルパラメータはデフォルト値のまま用います。

次節以降ではSHAP ライブラリを用いたモデルの挙動分析を行っていきます。本章の残りは以下のような流れで進めていきます。

1. SHAP 値の算出と理解

「SHAP 値 = モデルの出力に対する各特徴量の影響」を計算し、その意味を理解します。

2. SHAP 値の可視化

SHAP ライブラリを用いてSHAP 値を可視化し、モデルの局所的・大域的な挙動を把握します。

3. SHAP 値のさらなる活用

SHAP 値の行列に対して直接分析を行い、さらなる情報を抽出する方法を紹介します。

上記の1〜3を9.2節から9.4節で扱っていきます。

9.2 SHAP値の算出と理解

SHAP値の基本的概念は第4章で述べたように、全ての特徴量の順列について、ひとつずつ特徴量を追加しながら（追加前の特徴量は「欠損」のように扱って）モデルの予測値を計算し、各特徴量の予測値に対する平均的な影響をShapley値で表現することです。数式上は各特徴量の有無についての計算で済むとはいえ、この計算を定義どおりに実行すると、特徴量の個数に応じて指数関数的に計算時間が増加してしまいます。例えば、特徴量の個数が20個程度であっても、ひとつの予測に対する説明に数千万回ものモデル予測を行うことになってしまい、現実的ではありません。

このような計算量の爆発を回避する方法として、特定のモデルに対してSHAP値を効率的に計算するアルゴリズムが提案されています。 今回はモデルとしてLightGBMを用いますが、このような決定木ベースのモデルに対してはTreeSHAP[1]というアルゴリズムを適用することによって、現実的な計算時間でSHAP値を厳密に計算することができます。TreeSHAPアルゴリズムは、決定木の学習時において各ツリーノードに落ちてきた学習データの割合や、左右への分岐数といった情報を使ってSHAP値を直接計算することで、モデルの大きさに対して多項式時間で動作します。

特定のモデルに特化したSHAP値の計算手法としてはほかにも、線形モデルに対するLinearExplainer[2]や、ディープラーニングモデルに対してSHAP値の近似値を高速に計算するDeepExplainer、GradientExplainerといった手法が提案されており、これらのアルゴリズムもSHAPライブラリに実装が与えられています。また、任意のモデルに対して動作するKernelExplainerも提案・実装されていますが、こちらは前述の計算コストの点で、特定のモデルに特化した手法よりも劣っています。

以下、TreeSHAPの実装であるTreeExplainerを用いて、SHAP値による説明を行っていきます。説明を生成するためのデータは、学習データと同じ特徴量を持っていればどんなものでも動かすことはできますが、モデルの実運用時に説明を得る状況を想定すると、モデルにとって未知のデータが好ましいでしょう。したがって今回は、テストデータを用いてSHAP値の計算を行うことにします。

1　【参考文献】"From local explanations to global understanding with explainable AI for trees"　Published: 17 January 20202. Scott M. Lundberg, Gabriel Erion, Hugh Chen, Alex DeGrave, Jordan M. Prutkin, Bala Nair, Ronit Katz, Jonathan Himmelfarb, Nisha Bansal & Su-In Le.　Nature Machine Intelligence volume 2, pages56-67(2020)

2　線形モデルは元々解釈しやすく、係数と特徴量の値だけで求まるSHAP値を算出するメリットはあまりありません。

リスト 9.7：SHAP 値の算出

```
# 説明器の準備～ SHAP 値算出
exp = shap.TreeExplainer(model)
sv_test = exp.shap_values(X_test)
sv_test = sv_test[1]
# もとのデータセットと同じサイズの行列が得られる
print(X_test.shape, sv_test.shape)
## 出力結果
(8141, 12) (8141, 12)
# SHAP 値の確認
print(sv_test[0])
## 出力結果
[ 0.62217787 -0.00715246  0.8826886  -0.27748417 -0.63705559 -0.79823002
  0.00422039 -0.14258807 -0.24527728 -0.05956926 -1.06105919 -0.00818154]
```

SHAP 値の計算によって、計算時に与えたテストデータと同じサイズの行列を得ることができました。この行列の (i, j) 成分は、i 個目の予測における j 番目の特徴量の寄与を表しています。元のテストデータの (i, j) 番目には、i 番目の予測対象の j 番目の特徴量の値が入っていたので、ちょうどこれと対応づいていることになります。

この値の意味は、大まかには「プラスであれば正方向に、マイナスであれば負方向に予測値を引っ張っている」ということですが、具体的な値の大きさの意味には注意が必要です。まず、SHAP 値は予測値そのものではなく、予測値の平均値からのズレを説明しています（4.3 節を参照）。また、SHAP 値は分類モデルに対しては予測確率の値ではなく、そのオッズの値に相当するものとして算出されます。以下では、このことをコーディングによって確かめてみます。

説明器（exp）はモデル学習時点での予測値の平均を expected_value 属性に保持しています。これは［負と予測する方向への寄与の平均，正と予測する方向への寄与の平均］のタプルになっており、実際に使う際は 2 番目の要素を使えばよいわけです。したがって SHAP の一致性より、次の式が成り立つはずです。

```
expected_value[1] + (SHAP 値の総和 ) = 予測確率
```

ここで、実際に 1 個目の予測に対して得られた SHAP 値を足し合わせて、先ほど算出したモデルの予測値と比較してみましょう。

リスト 9.8：SHAP 値の一致性の確認

```
print(exp.expected_value[1] + sv_test[0].sum(), y_pred_prob[0])
## 出力結果
-4.0831513680161216 0.016574909901674508
```

計算の結果、両者は一致していません。そもそもモデルの予測値は確率値なので、0-1 の範囲であるのに対し、SHAP 値は正もしくは負の任意の実数値をとるので、ここでは足し合わせが負になっています。

実は、これは分類モデルを使っていることが原因になっています（回帰のモデルを使っている場合は、ここの足し合わせが一致するはずです）。もう少し詳しく現象を捉えるために、全ての予測対象について［SHAP 値の足し合わせ，予測値］を計算してプロットしてみましょう。

リスト 9.9：SHAP 値の足し合わせのプロット

```
# SHAP 値の合計 + 平均値
sv_sum = sv_test.sum(axis=1) + exp.expected_value[1]
plt.scatter(sv_sum, y_pred_prob, s=1)
plt.xlabel("SHAP 値の合計 ")
plt.ylabel(" モデルの予測確率 ")
Text(0, 0.5, ' モデルの予測確率 ')
```

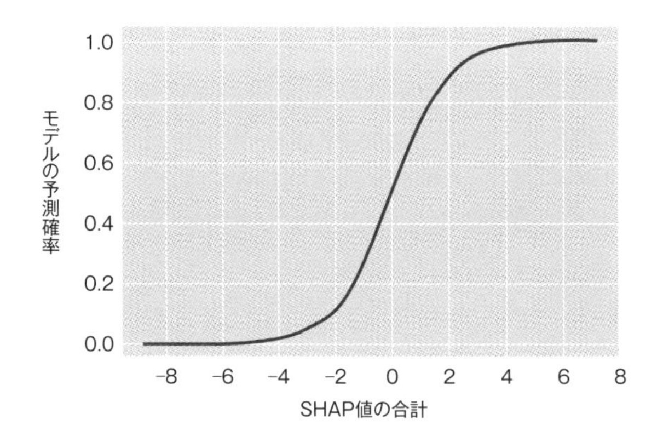

図 9.1　SHAP 値の合計とモデルの予測結果のプロット

図 9.1 のグラフは、機械学習に慣れている方には見覚えのある形ではないでしょうか。これは次の式で表されるシグモイド関数を表しています。

$$y = \frac{1}{1+\exp(-x)}$$

分類モデルにおいては、確率値を直接予測するのではなく、実数値（対数オッズと呼びます）を予測し、それをシグモイド関数で0-1の実数値に変換して、確率の予測値とするのが一般的です。予測値は確率値である一方で、SHAPの影響度は、モデルが内部で算出している対数オッズをベースにして算出されているため、上記のようなズレが生じていた、というからくりでした。

したがって、SHAP値から元のモデルの確率の予測値を復元したければ、以下のようにSHAP値の総和にシグモイド関数を適用させればよいのです。

リスト 9.10：シグモイド関数を適用したSHAP値の一致性の確認

```
prob_shap = (1/(1+np.exp(-sv_sum))) # SHAP値から復元したモデルの予測確率
assert np.all(np.isclose(prob_shap, y_pred_prob)) # 値が一致する
```

いろいろな値が出てきましたので一旦まとめると、以下のような関係になっています。

```
モデル -> 予測値 ( 実数値オッズ ) -> ( シグモイド関数 ) -> 予測値 (0-1 確率 )
v ( 平均値を差し引く )
正規化したオッズ -> ( 影響度計算 ) -> SHAP 値
```

SHAP値に関する説明が長くなってしまいましたが、重要なことは以下の2点です。

- SHAP値の総和は、予測値の平均からの差分に一致する
- 分類モデルの場合、SHAP値は0-1の範囲の確率値ではなく、変換前の対数オッズの意味で算出される

算出した値の意味をよく理解した上で、次節以降のSHAP値の活用へと進んでください。

Column　LightGBMのSHAP連携機能

実は、SHAP ライブラリを直接用いなくても、LightGBM 側に SHAP 値を計算させることも可能です。下記のように、predict メソッドに対して pred_contrib 引数を与えることで返り値が変化し、SHAP 値行列に 1 列（全データの平均値）を付け加えたものが得られるようになります。

SHAP 値の部分を比較すると、確かに SHAP ライブラリを直接用いた場合の結果と（浮動小数点の数値計算の誤差を除いて）一致していることが認められます。SHAP 値を算出したいだけならこの方法が簡便ですが、後述する色々な機能を使おうと思うと、SHAP の説明器を用いたほうがよいでしょう。

リスト 9.11：LightGBM モデルが持つ SHAP 値の計算結果の確認

```
pred = model.predict_proba(X_test)[:,1] # 元の予測確率
res = model.predict(X_test, pred_contrib=True) # SHAP 値行列を復元
pred2 = (1/(1+np.exp(-(res[:,:-1].sum(axis=1) + res[:,-1])))) # 予測確率を復元
assert np.all(np.isclose(pred,pred2)) # SHAP ライブラリで計算した結果に一致する
```

9.3 SHAP 値の可視化

前節のSHAP値の計算によって、与えたデータと同じ［データ数，特徴量数］サイズのSHAP値行列を得ることができました。本節ではこの値を可視化して、モデル理解を進めていきます。

SHAPライブラリには、可視化のための機能が豊富に用意されており、このライブラリが広く使われている大きな要因になっています。今回はこの可視化機能の使用方法と解釈について説明します。

9.3.1 個別の予測に対する特徴量の影響

1つの予測に関する情報を得たいだけならば、得られた行列の1行を見ることで各特徴量の影響が分かります。ライブラリのforce_plot()関数を用いると、この影響を分かりやすく表示することができます。

下記では、データの先頭行を取り出して可視化する例を示します[3]。

リスト 9.12：個別のデータに対する特徴量の影響の可視化

```
# shap.initjs() # javascriptを使うために必要. javescript環境がない場合はmatplotlib引数をTrueにして与える
shap.force_plot(exp.expected_value[1], sv_test[0], X_test.iloc[0], matplotlib=True)
```

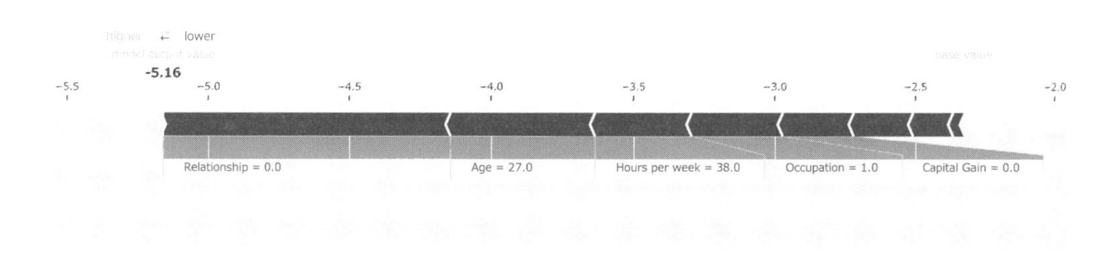

図 9.2　force_plot関数による特徴量ごとの影響の可視化

図 9.2からは、RelationshipやHours per weekといった特徴量の影響が大きく、それらはマイナスの方向に効いていることが分かります。なお、横軸の値は、前節で紹介したオッズ（確率

3　force_plot関数は、デフォルトではjavascriptを用いて対話的な可視化を行うことができます。単に結果の画像だけが欲しければ、matplotlib引数をTrueにして与えます。

値に変換する前の値）で表示されることに注意してください。

特徴量の個数が多くてforce_plotが見にくくなる場合は、decision_plotという関数を使い、同様の可視化を1件ごとに行うという方法もあります。**図9.3**では、中央最下段を出発点（= 予測値の平均値）として、下から順に特徴量の影響を加えていって、最終的な予測値に至るまでの経路を表示しています。この例の場合だと、半数程度の特徴量はほぼ影響していないということや、上位5個程度の特徴量がマイナスに効いていることが分かります。

リスト9.13：個別のデータに対する多数の特徴量の影響の可視化

```
# decision_plot: 特徴量の数が多い場合に
shap.decision_plot(exp.expected_value[1], sv_test[0], X_test.iloc[0])
```

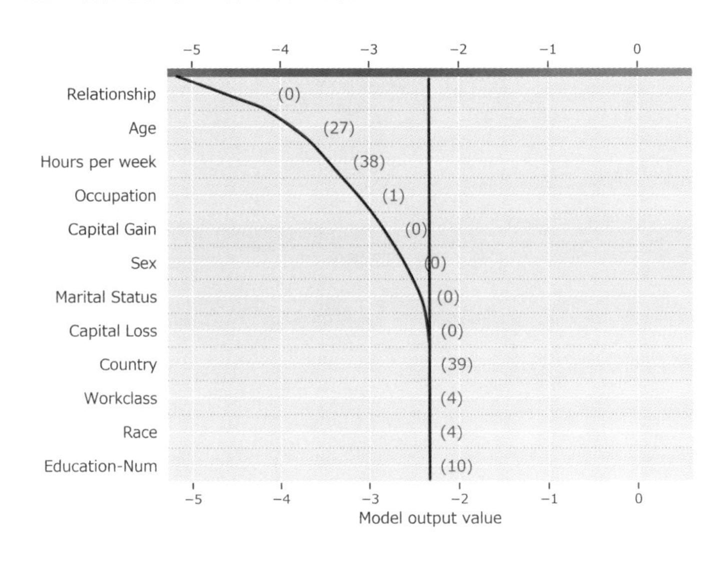

図9.3　decision_plot関数による特徴量ごとの影響の可視化

9.3.2 データセット全体に対する特徴量の効き方

SHAP自体はモデルの局所的な説明のための技術ですが、全てのデータに対して1件ごとの説明を行い、その全体像を眺めることでモデルの全体的な説明とみなす考え方もあります。summary_plot関数を使うと、データセット全体に対する特徴量の効き方を可視化することができます。

リスト9.14：データセット全体の特徴量の影響の可視化

```
shap.summary_plot(sv_test, X_test)
```

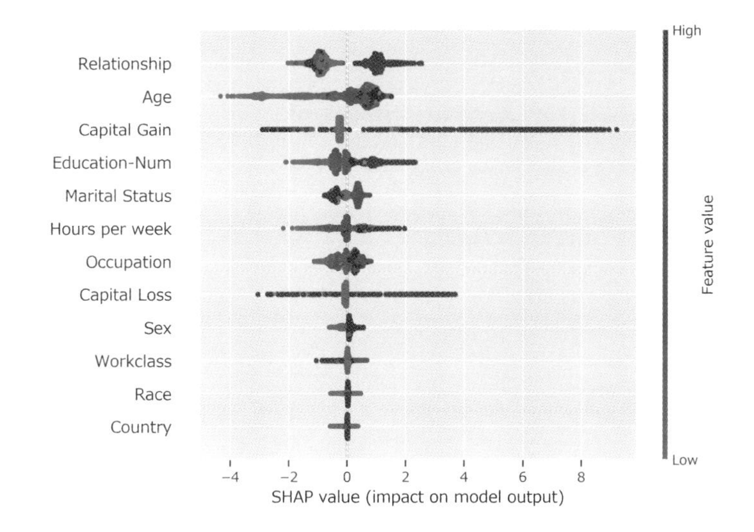

図 9.4 summary_plot 関数によるデータセット全体での特徴量の影響の可視化

図 9.4 のプロットでは、重要度（各予測に対する影響の絶対値の平均値）の順に特徴量が並んでいます。それぞれの特徴量について、SHAP 値のとる値の簡単な散布図が示されており、左右の位置からはSHAP 値の大きさを、色（赤←→青）から特徴量の値を、線の太さからはその値をとるデータの件数をそれぞれ読み取ることができます。

例えば上から 2 番目の Age の行を見ると、次のような傾向がわかります。

- おおまかに、年齢が低いとマイナス方向に効き、高いとプラス方向に効いている
- 年齢が高い場合のプラス方向への効き方よりも、年齢が低い場合のマイナス方向への効き方のほうが大きい
- 多くの場合、効き方の絶対値は小さく、大きな寄与をするのは一部のケースに限られる

これらのことから、おおまかに「年齢が低い場合にマイナス方向に予測することがあり、そうでない場合はばらついている」といえるようです。

この例のように、summary_plot を使うと全ての特徴量の重要度と効き方の傾向を大掴みに把握でき、「とりあえず見てみる」方法としては有用です。なお、SHAP 値から算出される特徴量の重要度のみを知りたい場合は、plot_type 引数を指定することで表示できます。

リスト 9.15：データセット全体の特徴量の影響の可視化（棒グラフ）

```
shap.summary_plot(sv_test, X_test, plot_type="bar")
```

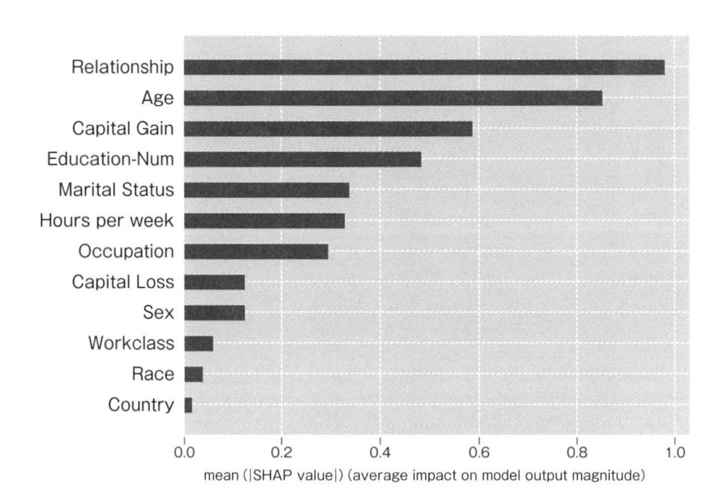

図 9.5　summary_plot 関数による各特徴量の影響を表す棒グラフ

Column　特徴の量重要度同士の比較?

機械学習の分野には「特徴量の重要度」を算出する方法が多く存在します。

① **SHAP値の絶対値平均**
② **決定木の学習時のゲイン**
③ **permutation importance**

今回試した①のほかにも、決定木ベースの手法としては②があり、また、任意のモデルに適用可能な手法としては、例えば③のような方法もあります。

これらの手法は、いずれも結果としては特徴量ごとに何らかの値を算出するという点では同じですが、その意味や説明の対象は大きく異なっています。詳細は省略しますが、②の学習時のゲインは、各特徴量が決定木の分岐においてどの程度用いられたか（その結果、目的関数の値をどの程度下げたか）という指標であり、説明対象は「訓練時のロス関数への寄与の大きさ」になります。テストデータ（未知のデータ）に対する挙動は反映できません。

③の permutation importance は、各特徴量を使わない（その特徴量の値をシャッフルした場合）のテストスコアの変動であり、説明対象は「(permutation importance を算出するために用いたデータセット上の）予測精度への寄与の大きさ」ということになります。

一方、①の SHAP 値の説明対象は、与えたデータに対する「予測値への寄与の大きさ」なので、どちらとも異なる指標であることが分かります。

どういった指標を採用すべきかは、説明が求められている文脈によって異なりますが、SHAP値であれば、重要度の大きさだけでなく、(1 件ごとの）プラス／マイナスの方向、特徴量の値と影響の相関まで観察できるため、うまく使えばいろいろなケースで活用できる可能性があります。

9.3.3 SHAP値と特徴量の相関の可視化

summary_plot では、各特徴量について大まかに SHAP 値と特徴量の関係を見ることができましたが、1つの特徴量についてより細かく確認したい場合には dependence_plot 関数が重宝します。以下のように特徴量を指定することで、特徴量の値と SHAP 値の散布図が表示されます。

リスト 9.16：特徴量「Age」の影響の散布図による可視化

```
shap.dependence_plot("Age", sv_test, X_test)
```

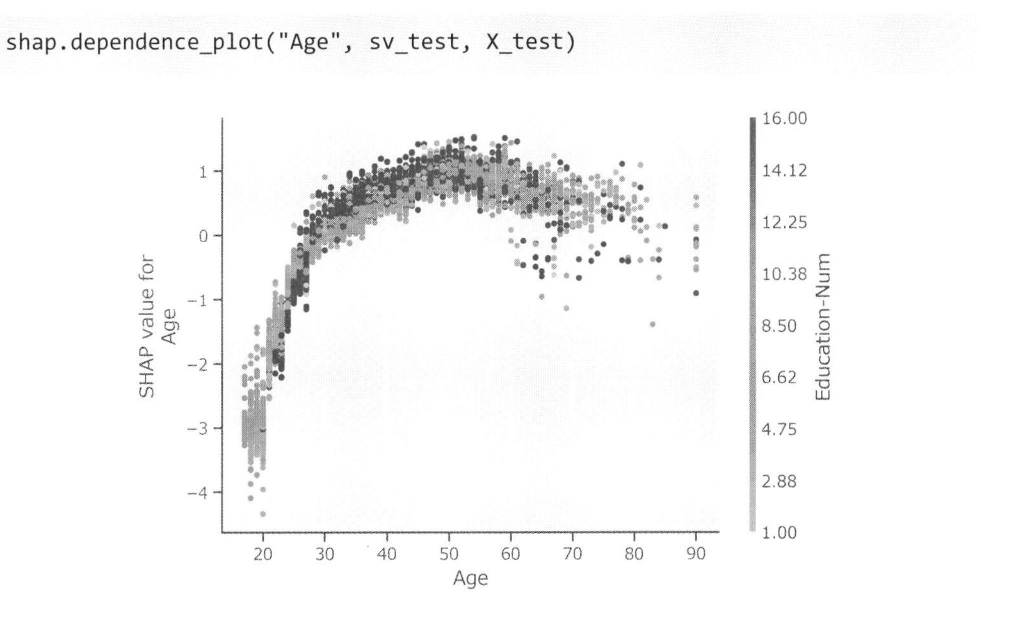

図 9.6　dependence_plot 関数による特徴量「Age」の影響の散布図

これらの図では、横軸に特徴量の値、縦軸にその特徴量の SHAP 値をとっており、大まかに SHAP 値と予測値への影響の関係を把握できます。**図 9.6** では、「Age が小さいと予測値を小さくする方向に働き、一定以上の場合は、値によらず概ね同じように（弱くプラス方向に）働く。さらに Age が大きくなると、ばらつきが大きくなる」といった傾向が読み取れます。

また、本書の印刷ではわかりにくいですが、プロットに着けられた色は、残りの特徴量の中から Age との交互作用が最も大きいものがライブラリによって選択されたうえで、その特徴量の値を示しています。モデルが特徴量の交互作用を考慮しない場合、プロットは折れ線グラフのような形状になる（縦方向にデータ点が散らばることはない）はずです。しかし実際には、他の特徴量との交互作用によってばらついており、そのばらつきに最も大きく影響している特徴量が選ばれている、というイメージです。

例えば、**図 9.7** の Relationship においては、次のような読み方ができます。

リスト 9.17：特徴量「Relationship」の影響の散布図による可視化

```
shap.dependence_plot("Relationship", sv_test, X_test)
```

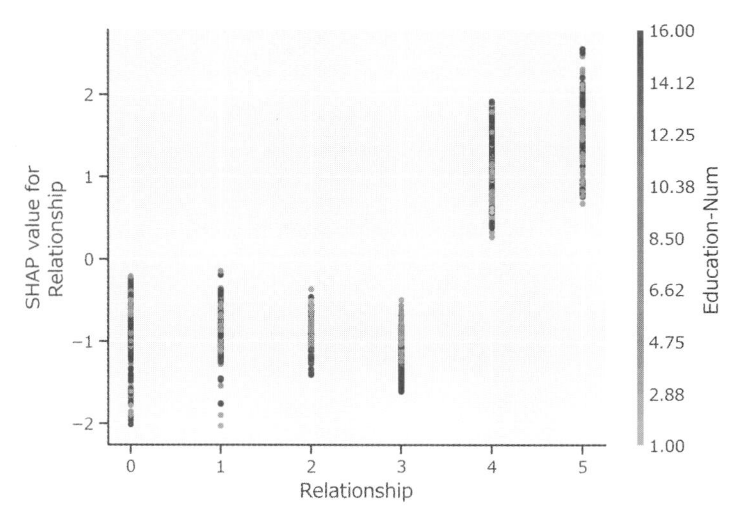

図 9.7　dependence_plot 関数による特徴量「Relationship」の影響の散布図

- SHAP 値としては値が 4 と 5 の場合にプラス、それ以外ではマイナス方向の寄与をとる傾向がある[4]
- Relationship の値が 2 または 3 のときは、教育水準が大きいときに寄与が小さくなる交互作用がある。値が 4 または 5 のときはやや弱いが、教育水準の値が大きいときに寄与が大きくなる交互作用がある

図 9.6 の Age の例においては、次のようなことがわかります。

- 年齢が低い場合には、全体的に予測値が低くなるが、例外的にあまり低く効いていないケースがあり、そのような場合には教育水準が高くない
- 年齢が一定以上の場合には、年齢が概ね同じようにプラス方向に影響するが、教育水準が高い場合にはより大きくなり、低い場合には小さくなる（交互作用がある）
- 年齢が 60 歳以上のケースに縦方向のばらつき、特に、予測値が低くなるケースがあるが、その要因はこの図だけでは読み取れない（Education-num 以外の特徴量との交互作用があると思われる）

もし、Age に対して他の特徴量との交互作用を見たければ、下記のように interaction_index 引数を指定すれば OK です。

4　整数値エンコードされているため、具体的な値を知りたければ別途書き戻す必要があります。

リスト 9.18：特徴量「Age」と「Capital Gain」の交互作用の散布図による可視化

```
shap.dependence_plot("Age", sv_test, X_test, interaction_index="Capital Gain")
```

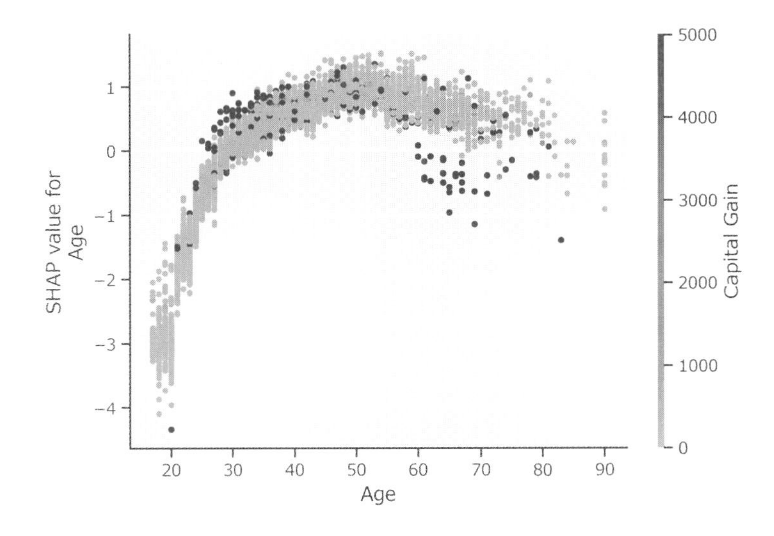

図 9.8　dependence_plot 関数による特徴量「Age」と「Capital Gain」の交互作用の散布図

ここまで、SHAP のライブラリを用いて算出した SHAP 値の観察方法を紹介しました。ここで取り上げなかった機能も多くありますので、詳しくは SHAP の公式ドキュメント を参考にしてください。英語ですが、上記の流れが頭に入っていれば読みやすいと思います。

Column 変数間の交互作用をより細かく観察する方法: SHAP Interaction Values

dependence_plot によって、変数間の交互作用が見えてきました。以下の作業を行うことで、さらに詳しい説明を得ることができます。

- 2つの特徴量の交互作用のみを取り出して算出する
- 1つの特徴量に対し、全体の効果から他の変数との交互作用を差し引いて、単独の影響のみを算出する

これらを行うための手法として、Interaction Values があります。これは、2つの特徴量の交互作用による寄与を、Shapley Interaction Value の形で定義したものです。SHAP では説明器の shap_interaction_values メソッドによって計算することができ、その結果をこれまで紹介した関数に与えることで可視化することも可能です。モデルの細かい交互作用まで見る必要が生じることはあまりありませんが、覚えておくとよいでしょう。詳細は省略しますが、下記に簡単に使い方を掲載しておきます。

リスト 9.19：SHAP Interaction Value の算出

```
iv = exp.shap_interaction_values(X_test) # interaction value の算出
print(iv.shape) # (データ数, 特徴量数, 特徴量数)のサイズで、iv[i,j,k]がi番目のデータにおけるj番目の特徴量とk番目の特徴量の交互作用の大きさを示す
assert np.all(np.isclose(sv_test[:,0], iv[:,0,:].sum(axis=1))) # 特徴量について足し合わせるとSHAP値に一致する
(8141, 12, 12)
```

リスト 9.20：特徴量「Age」と「Capital Gain」の交互作用

```
# "Age"と"Capital Gain"の相互作用をプロット
shap.dependence_plot(
    ("Age", "Capital Gain"),
    iv, X_test,
    display_features=X_test
)
```

リスト 9.21：交互作用を除いた特徴量「Age」の影響の可視化

```
# "Age"の影響(SHAP値)からそれ以外の特徴量の交互作用を除いたプロット
# 縦方向のばらつきが小さくなっている
shap.dependence_plot(
    ("Age", "Age"),
    iv, X_test,
    display_features=X_test
)
```

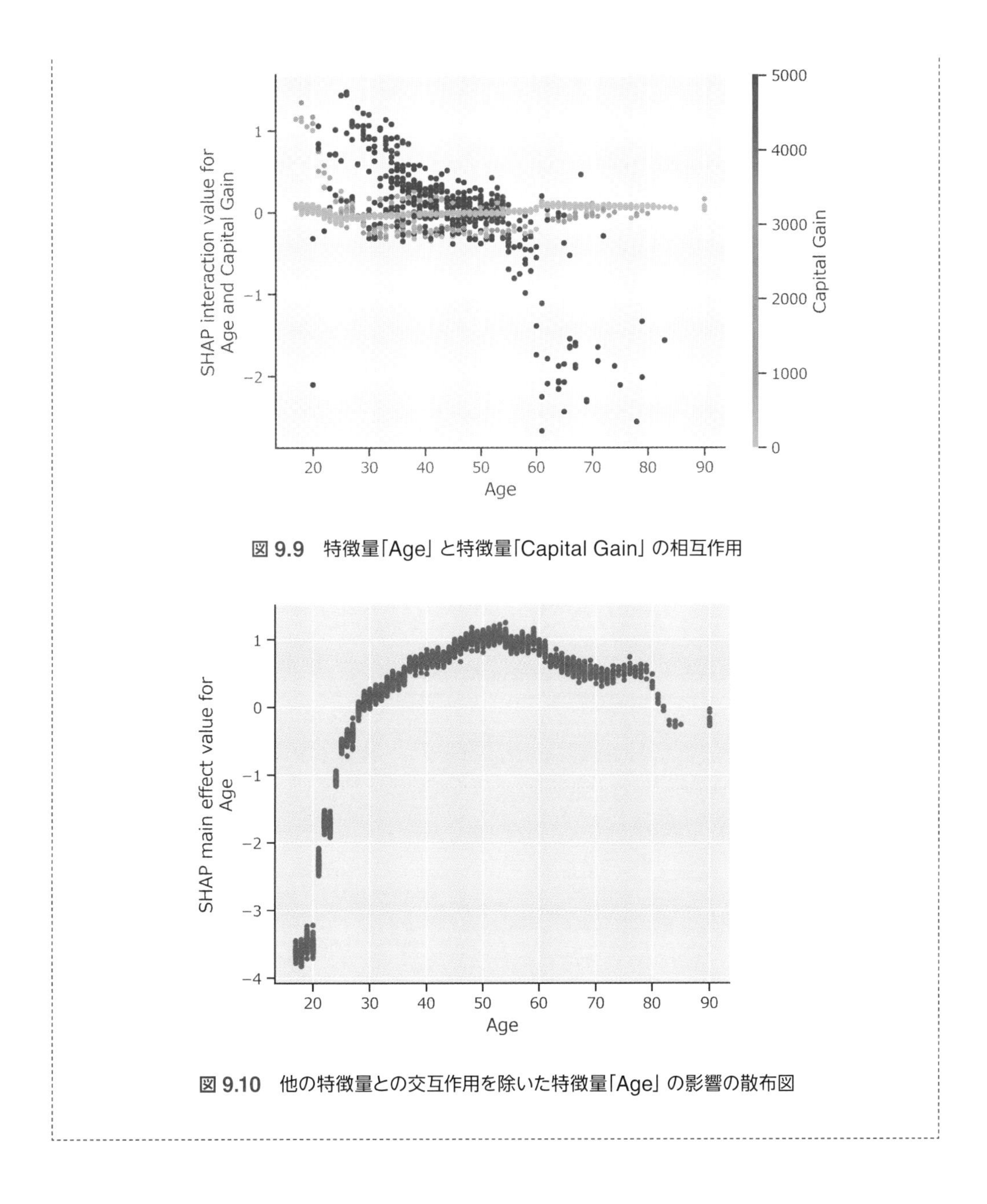

図 9.9　特徴量「Age」と特徴量「Capital Gain」の相互作用

図 9.10　他の特徴量との交互作用を除いた特徴量「Age」の影響の散布図

9.4 SHAP 値のさらなる活用

本節では、算出されたSHAP値を、ライブラリが提供している機能に縛られず柔軟に活用する方法を紹介します。9.1節で確認したように、SHAP値自体は元のデータセットと同じ大きさの実数値行列なので、これを通常のデータ分析の対象と捉えることで、欲しい情報を必要に応じて抽出することが可能になります。

9.4.1 SHAP値クラスタリングによるデータの分類

本項ではSHAP値行列をクラスタリングすることで、モデルから見たデータを大まかに分類することを目指します。初めに導入として、前節で紹介しなかったforce_plot()関数の機能を紹介します。前節ではforce_plot()関数に単一のデータを与えて可視化を行いましたが、以下のように複数行のデータを与えることでも動作し、データセット全体に対するSHAP値の可視化を行うことができます。

リスト 9.22：データセットに対するSHAPのforce_plotの可視化

```
# SHAP 値の再計算
sv_test = exp.shap_values(X_test)
sv_test = sv_test[1]
shap.initjs()
num = 300 # 処理が重いのでデータ数を絞る
shap.force_plot(exp.expected_value[1], sv_test[:num], X_test.iloc[:num])
```

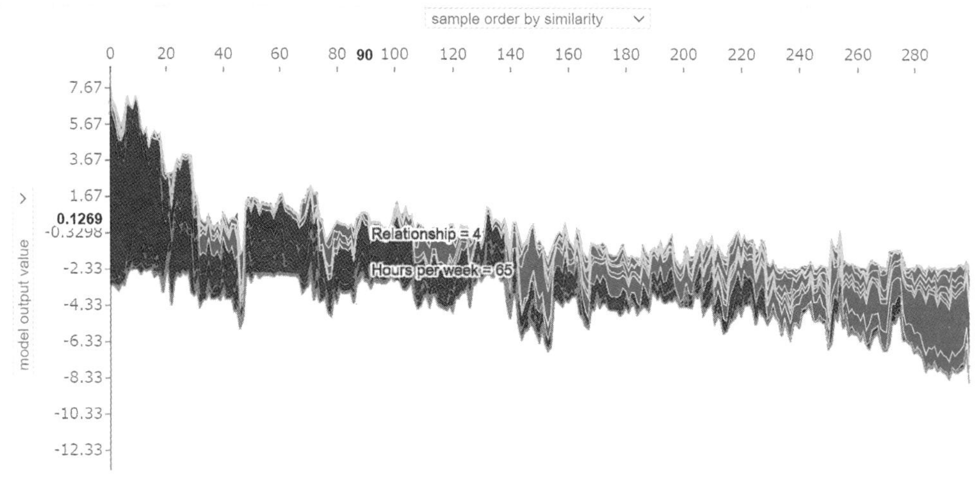

図 9.11　データセットに対するSHAPのforce_plotの可視化

このプロットは前節で扱った1件のデータに対するプロットを縦方向に回転させ、それを全データについて横方向に並べたものです。ここで並び順については似ている[5]データが近くに来るように設定されています。実際、このプロットの全体を眺めると、全体の値の正負が一致しているだけでなく、寄与している特徴量が同じもの同士がまとめられていることが分かります。

このforce_plot()は並び順を返すようにはできておらず、プロットを見ただけでは、データの細かい分け方までは確認できません。そこで、どのようなまとまりにデータが分かれているかを、より具体的に確認するために、自身でクラスタリングアルゴリズムを用いて計算してみましょう。

今回はKMeans法を用いて、各データのSHAP値に対してクラスタリングを行います。KMeans法はユークリッド空間における距離計算を用いるため、各次元の単位が揃っている必要があります。今回の場合、カテゴリ値などを含んでいる元データに対してそのまま適用することは不可能ですが、SHAP値行列であれば、全ての列の単位が対数オッズで揃っているため適用可能です。

リスト9.23：クラスタリングの実行およびクラスタ中心の可視化

```
from sklearn.cluster import KMeans
# クラスタリングモデルを学習
model = KMeans(n_clusters=4)
labels = model.fit_predict(sv_test)
display(pd.value_counts(labels))
# クラスタ中心を可視化
center = pd.DataFrame(model.cluster_centers_, columns=X.columns).T
plt.plot(center)
plt.xticks(rotation=45)
plt.show()
# 各クラスに属するデータ数
1    3273
2    3160
3    1300
0     408
dtype: int64
```

ここでは簡単のため、クラスタ数を4に固定して行いました。得られたプロットにおける1本の折れ線がひとつのクラスタ中心に対応します。これを見ると、主に"Capital Gain", "Age",

5 「似ている」の基準は、各データ間におけるSHAP値ベクトルのユークリッド距離を計算し、その値を並べたベクトルについて階層クラスタリングを行うことによって算出しています。この処理が計算時間的に重いため、複数行のデータセットに対するforce_plot()関数に、大きな（数千から数万行以上の）データを与えることは難しくなっています。

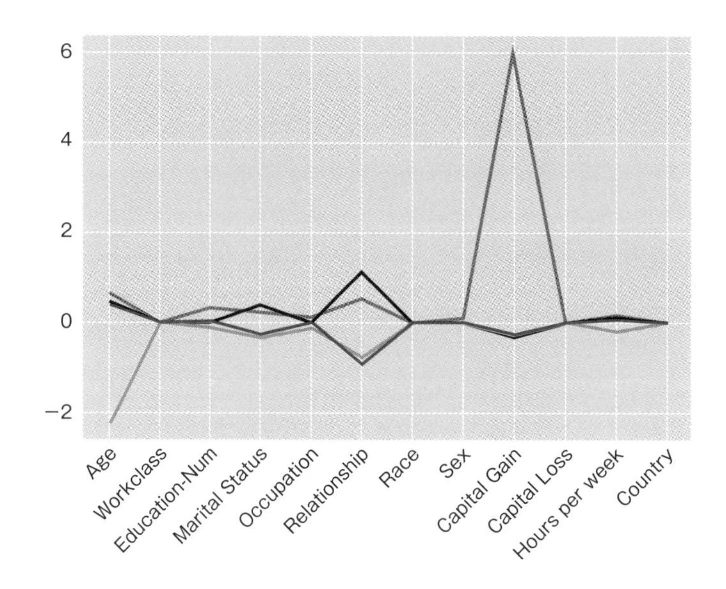

図 9.12　クラスタ中心の可視化

"Relationship" を基準にしてクラスタリングされていることが分かります。これらの特徴量はSHAP 値の影響度でも上位にきていたので、直感的にも妥当な結果であると言えます。

このようなクラスタリングの方法を、原論文 は一般的な教師なしクラスタリングと対比させて "supervised clustering" と呼んでいます。

SHAP 値行列に対してクラスタリングを算出するメリットは、いくつかあります。モデルの理解という観点では、SHAP 値をより単純化して捉えることができ、新しいデータの SHAP 値を計算したときに、どのクラスタに属するかを確認することで、既存のどのデータ群に近い予測が行われているのかを判別できるようになる、といった点が挙げられます。また、元データにおいて特徴量の単位を揃えるのが難しい場合、精度の良いモデルを使って元データに対するクラスタリングを SHAP 値クラスタリングで代用する、という活用方法もありえます。SHAP 論文では「このようにして得られたクラスタリングが、既存の他の特徴量影響度の算出手法よりも、よくデータとモデル出力の関係を捉えている」とする実験結果を与えています。

9.4.2 次元削除による特徴量の組み合わせ抽出

クラスタリングと近い考え方ですが、SHAP 値行列に対して次元削除を行うと、特徴量のSHAP 値のパターンを抽出できます。そのパターンを確認することで、モデル全体が複数の特徴量をどのように組み合わせて使っているかを、より分かりやすく理解できます。 ここでは、scikit-learn の PCA（主成分分析）モデルを用いて、主成分とそれらの寄与を算出します。

リスト 9.24：主成分分析の実行および主成分の可視化

```
from sklearn.decomposition import PCA
model = PCA(n_components=4)
# SHAP 値行列の主成分を計算し、係数を返す
sv_trans = model.fit_transform(sv_test)
# 各主成分の寄与 ( データのばらつきを説明する度合い )
print(model.explained_variance_ratio_)
# 主成分を可視化
comp = pd.DataFrame(model.components_, columns=X.columns).T
comp.plot(subplots=True, legend=None, sharey=True)
# plt.xticks(range(1,X.shape[1]), X.columns, rotation=45)
plt.xticks([0.5+v for v in range(X.shape[1])], labels=X.columns,
rotation=45)
plt.show()
[0.41318044 0.27125089 0.14718971 0.06898749]
```

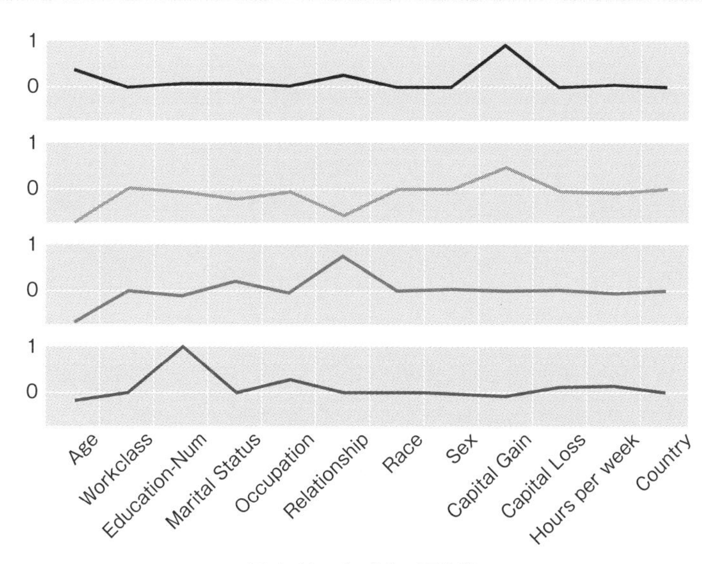

図 9.13 主成分の可視化

プロットの各行がひとつの主成分のベクトル値を示しています。得られた主成分のうち上位3件は、いずれも "Capital Gain"、"Relationship" および "Age" において大きい値をとっています。これは SHAP 値行列がこれらの値の方向に大きく散らばっていることを示しており、前節の SHAP 重要度の結果とも合致します。

一方で 4 番目の主成分は、影響は小さいものの、"Education-Num" と "Occupation" の成分に同符号の値をとっており、上位 3 件の特徴量を除くと、これらの 2 つの特徴量の正の相関が残るこ

とを示しています。

今回のケースだと、特徴量の重要度から得られる情報とあまり変わらない結果になりましたが、より特徴量の種類の多いデータにおいては、特徴量のパターンから興味深い情報が得られることもあります。例えば、TreeSHAP元論文には、医療分野のデータセットにおいて「実際の検査項目と合致するような特徴量の組み合わせからなる主成分が抽出された」との実験結果が掲載されています。

9.4.3 類似データの検索と新規性の算出

今度は少し異なる方向からSHAP値を活用します。これまでは主に、元のテストデータ全体におけるモデルの挙動の傾向を分析してきましたが、今度は新しいデータが与えられたときに、以下のような情報を得ることを目指します。

- そのデータに「似ている」元データはどれか（類似データの検索）
- そのデータは元データの集合において、どの程度「珍しい」のか（新規性の算出）

データの内容や使われ方にもよりますが、「類似データ＝過去の具体例」を挙げることで、モデルのユーザがその予測を行う根拠をより直感的に理解できるようになる応用例があります。また、新規性の算出からは、その予測の大まかな信憑性を得ることができます。これは「算出された新規性が小さい」→「モデルは元データと同じような予測をしている」といった考え方によるものです。

クラスタリングの項で述べたように、SHAP値行列では全ての値の単位が揃っているので、これらの値の計算には単純にユークリッド距離を用いることができます。

まず、類似データの検索では、新規データに対して単純にユークリッド距離の小さいものを探します[6]。

リスト9.25：類似データの検索と可視化

```
# モデル学習
model = lgb.LGBMClassifier()
model.fit(X_train.values, y_train)
# テストデータの一部（ここでは末尾100件）を将来予測用に分けて、再度説明器を構築
X_test, X_future = X_test.iloc[:-100], X_test.iloc[-100:]
exp = shap.TreeExplainer(model)
```

6　ここでは単純に全データ同士の距離を計算していますが、データサイズが大きい場合には、近傍点を効率よく計算するためのデータ構造（Pythonであればscipy.spatial.cKDTree¶ など）を使う方がよいでしょう。

```
sv_test = exp.shap_values(X_test)[1]
sv_future = exp.shap_values(X_future)[1]
# テストデータと新規データのユークリッド距離を計算
# dist[i,j]: i番目のテストデータとj番目の新規データのユークリッド距離
N = sv_test.shape[0]
M = sv_future.shape[0]
D = sv_test.shape[1]
dist = np.linalg.norm(sv_test.reshape(N,-1,D) - sv_future.reshape(-1,M,D),
axis=2)
# 最も近いデータを取得
near = np.argmin(dist, axis=0)
# 最初の新規データとそれに最も近いテストデータを可視化
i = 0
print("新規データ：")
shap.force_plot(exp.expected_value[1], sv_future[i], X_future.iloc[i],
matplotlib=True)
print("類似データ：")
shap.force_plot(exp.expected_value[1], sv_test[near[i]], X_test.
iloc[near[i]], matplotlib=True)
```

新規データ：

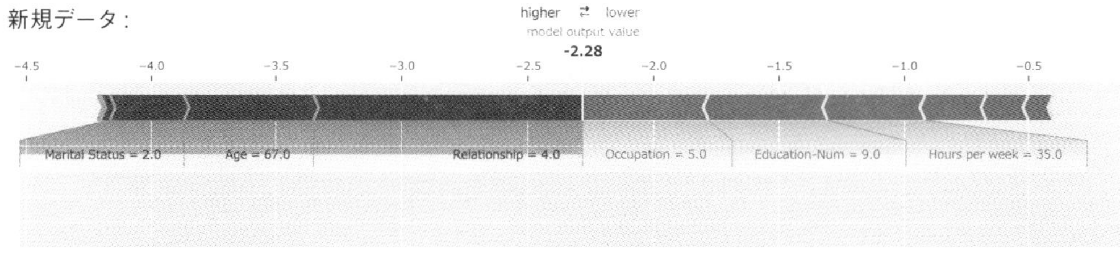

類似データ：

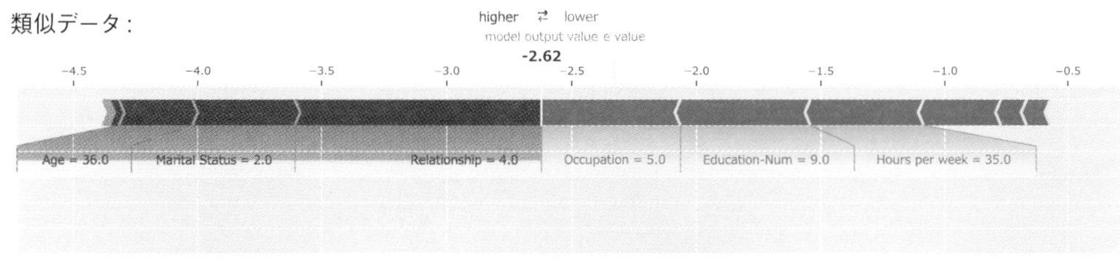

図 9.14 類似データの可視化

プロットからは、特徴量の値は一部異なりつつも、SHAP 値の大きさの傾向はかなり似ているデータが得られていることが分かります。最も近いデータのみを抽出しましたが、より多くの情報を得たければ、似ている複数件のデータを抽出したり、抽出する複数件のデータ同士はなるべ

く異なるものを選ぶ、といった方法を適宜考えることも可能です。ただし、得られた類似データから具体的にどのような恩恵を得るかは、ユースケースに依存します。

次に、新規性の算出を行います。ここでは「新規性＝異常度」と解釈し、異常検知の手法である「局所外れ値因子法」を適用します。これは新規データに対し、周辺の密度と、新規データの近傍の点の周辺の密度とを比較して、異常度の指標値を算出します。以下ではscikit-learnの実装を用いて異常度を算出します。

リスト 9.26：新規性の算出および新規性の高いデータの可視化

```
from sklearn.neighbors import LocalOutlierFactor
model = LocalOutlierFactor(n_neighbors=20, novelty=True)
model.fit(sv_test)
score = model.score_samples(sv_future)
print(score[:5]) # score: 異常度のマイナス１倍 . 小さいほど異常 (= 新規性が高い )
[-1.08131466 -1.01721507 -1.05709367 -1.05631435 -1.46667337]
# 最も新規性が大きい１件を取り出し可視化
index = np.argmin(score)
print(" 新規データ ")
shap.force_plot(exp.expected_value[1], sv_future[index], X_future.
iloc[index
], matplotlib=True)
```

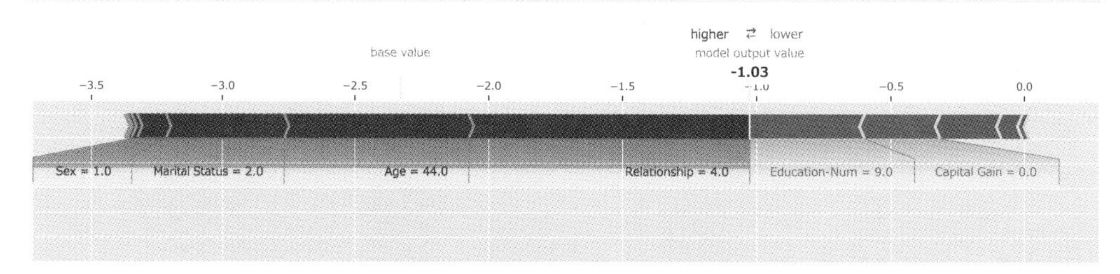

図 9.15　新規性の高いデータの可視化

得られたスコアは、データ点の周辺の密度とその近傍点の密度の比の逆数のマイナス1倍になっており、これが-1を有意に下回れば「異常である」とみなすことができます。どの程度下回った場合に異常とみなすかについては、データや応用先に応じて別途議論が必要なのでここでは触れません。

図 9.15に、新規性の最も大きい新規データのSHAP値の可視化を行いました。このデータがなぜ新規性が高いかは、このデータ点の近傍点やデータセット全体のSHAP値の傾向と照らし合わせるなど、さらなる分析が必要になります（前節までのプロットと照らし合わせたところ、概

ね全体の傾向とは一致しているように見えます)。いずれにしても、新規性が大きいことから、「この新規データの(SHAP値の意味での)周辺には元データが少ない」と言えますので、「モデルの信頼性は他のデータよりも劣るかもしれない」ことになります。より具体的にどのような予測が行われているのか等、この単独のデータに興味がある場合は、SHAP値行列や元の特徴量データを使ったり、モデル内部の決定木の様子を確認したりして、さらに分析を進めていくことになるでしょう。

検証成果のまとめ

本節では、SHAP値の活用例を紹介しました。SHAPの論文では、ここで挙げた一例のほかに、SHAP値を特徴量選択の基準に用いたり、デプロイしたモデルの挙動チェックに使うなど、様々な活用例が示されていますので興味のある方は参照してください。これらの活用例は「いつでも使える」という類のものではありませんので、実際の応用例に応じて抽出したい情報を見極め、必要な手法を選択していくというデータ分析のアプローチが必要になります。昨今は種々のライブラリが充実してきているぶん、ライブラリが提供している機能を利用するだけに留まらず、より深い理解を伴ったうえで積極的に分析を展開していくことが重要です。

第10章

ELI5、PDPbox、Skaterによる大局説明

AI モデルの振る舞いを説明するために、様々なアプローチによる「大局説明 XAI」が開発されています。本章では、ELI5、PDPbox、Skater の各 XAI ライブラリについて、インストール手順から説明の出力方法、結果の読み解き方までを紹介していきます。本章を通じて、特徴量の重要度、出力への感度分析、判断過程の可視化を行う大局説明 XAI ライブラリの使い方を身につけていきましょう。

10.1 様々な大局説明XAI

一口に「大局説明」といっても様々なコンセプトに基づいた手法が提案されており、多数のXAIライブラリが開発されています。本章では、大局説明XAIライブラリの中でも特に習得しておきたい実装をいくつか取り上げて、使い方を学んでいきます。

10.1.1 モデル説明を行うライブラリ

第4章でも紹介したように、XAIは様々な方式が提案されています。AIモデルの振る舞いを理解するうえで、具体的にどのような理解が必要でしょうか。この疑問に対する答えは、問題設定やデータの種類、対象のAIアルゴリズムによって変わってくるでしょうが、本書では以下の3点を理解できることが重要だと考えました。

①どの要素が重視されるか？
Feature Importanceに代表される特徴量について、重要度の計算が必要
②要素の変化が結果にどう影響するか？
Partial Dependence Plotなど、特徴量変化に対する出力感度の分析が必要
③どの要素の条件で結果が判断されるか？
Tree Surrogateのように、判断条件を理解できる方法での説明が必要

Pythonには機械学習ライブラリが豊富にあり、モデルの振る舞いを理解するためのXAIライブラリも数多く実装されており、それぞれの機能に特徴が表れています。主要な大局説明XAIライブラリを使って実現できる説明方式を**表10.1**にまとめました。

本章では「**ELI5**」、「**PDPbox**」、「**Skater**」の3つのXAIライブラリを紹介します。各XAIライブラリは複数の説明方式に対応していますが、網羅的に紹介するのは紙幅の都合上難しいため、各ライブラリのなかでも特に重要な説明方式（表10.1で●のもの）に絞って解説していきます。なお、「**SHAP**」の大局説明は第9章で紹介しています。

表 10.1 大局説明方式と対応するXAIライブラリ

カラム名	ELI5	PDPbox	Skater	SHAP
Permutation Importance	●	—	○	○
Partial Dependence Plot	—	●	○	○
Individual Conditional Expectation Plot	—	●	—	—
Tree Surrogete	—	—	●	—
Bayesian Rule List	—	—	○	—
(Local Explanation)	○	—	○	○

※—:機能なし、○:ライブラリに機能あり、●:ライブラリに機能あり(本章にて紹介)

10.1.2 開発の成熟度

本章で取り上げるXAIライブラリは、2021年1月時点でのリリースバージョンを用いています。説明結果を得られるまでの手順は動作確認済みですが、一部実装が完了していない関数やバグが残った状態のものもあります。特に「**matplotlib**」や「**scikit-learn**」などの基本的なPythonパッケージにおいて、XAIライブラリ開発時点では動作していた機能であっても、バージョンアップで関数の扱いが変わりエラーとなる場合もあります。これらの問題は今後の開発進展によって解消し、最新版では本書の手順どおりとならない可能性があります。最新バージョンでの利用にあたっては、ライブラリごとのGitHubなどで紹介されている使い方を参照することを推奨します。

1 2 3 4 5 6 7 8 9 10 11 12 13 A

10.2 事前準備

環境構築とライブラリのインストール、およびデータの用意から、AIモデルの学習、XAIライブラリによる説明を行うまでの一連の事前準備を行います。

10.2.1 XAI実行までの流れ

本章では、6章で扱ったタイタニックデータセットと学習済みのAIモデルに対して、大局説明を行います。タイタニックデータセットの概要、データの傾向、前処理、モデル学習については6章を参照してください。以下①～③の流れに沿って、大局説明を行うまでの準備を進めていきます。

①**環境構築**：AIモデルと大局説明XAIを実行するためのPython環境の構築
②**ライブラリのインストール**：各XAIライブラリ、および依存関係にあるPythonパッケージの導入
③**大局説明XAIの実行**：ELI5、PDPbox、Skaterの各XAI技術を用いた大局説明

10.3節以降で、一つずつ順番に理解を進めていきます。

10.2.2 Python環境の構築

AIモデルの学習と大局説明XAIを実行するためのPython環境を構築します。本章では、すべてのXAIライブラリを利用できることを確認した**Python3.7.7**を使用します。

Python環境の構築手順は、「付録」に記載しています。

10.2.3 XAIライブラリのインストール

Python仮想環境を構築できたら、XAIライブラリをインストールします。それぞれのXAIライブラリは、依存関係にあるPythonパッケージの一部に対してバージョン制約があります。特に**表10.2**に記載したPythonパッケージについては、執筆時点（2021年1月）で最新ではないバージョンを指定してインストールしておく必要があります。なお、今後のXAIライブラリのバージョンアップにより、これらの依存関係の制約が解消される可能性があります。最新のリリース情報を参考にして、必要な外部ライブラリをインストールします。

また、Skaterに関しては、**表10.3**に記載しているPython以外のソフトウェアも必要となり

表 10.2 バージョン指定でのインストールが必要な Python パッケージ

Python パッケージ	バージョン	影響のある XAI ライブラリ	制約事項
Matplotlib	3.2	PDPbox	バージョン 3.3 以降の仕様変更により、一部のプロット関数においてエラー発生
Xgboost	0.80	PDPbox	※公式提供サンプル ipynb を利用する場合 バージョン 1.0 以降のモデルシリアライズに変更があり、公式提供の学習済みモデルの読込みにおいてエラー発生
scikit-learning	0.22	Skater	バージョン 0.23 以降廃止となったモジュールの呼び出しが発生
Joblib	0.11	Skater	インストール要件にバージョン指定あり
Rpy2	2.9.1	Skater	インストール要件にバージョン指定あり

表 10.3 その他必要なソフトウェア

ソフトウェア	影響のある XAI ライブラリ	制約事項
Graphviz	Skater	Tree Surrogate で学習した代理モデルの分岐ツリーを描画するために必要
R (r-base)	Skater	Bayesian Rule List が R 実装のラッパーとして動作する仕組みのためインストール要件となっている

ますので、併せてインストールを行います。

これらの依存関係にある Python パッケージ等の準備ができたら、**リスト 10.1** の手順により、各 XAI ライブラリをインストールします。いずれも pip コマンドを使用していますが、PDPbox と Skater については、GitHub からダウンロードした最新の資材によりインストールを行います。

リスト 10.1：XAI ライブラリのインストール

```
# ELI5 のインストール
pip install eli5

# PDPbox のインストール
pip install git+https://github.com/SauceCat/PDPbox.git

# Skater のインストール
pip install git+https://github.com/oracle/Skater.git
```

10.3 ELI5 (Permutation Importance)

まずは、「ELI 5」を用いたAIモデルの説明を行います。ELI 5は、どの特徴量がどの程度重視されているかを定量化して示す「Permutation Importance」を出力します。

10.3.1 ELI5はどんな技術か?

ELI5は、様々な機械学習モデルに対して統一されたAPIでPermutation Importanceを出力するPythonパッケージです。**表10.4**の機械学習フレームワークやパッケージをサポートしています。

表10.4　ELI5が対応する機械学習フレームワーク、パッケージ

フレームワーク名	対応しているモデル
scikit-learn	線形回帰、ロジスティック回帰、決定木、アンサンブルツリー、Pipeline、等
XGBoost	XGBClassifier、XGBRegressor、xgboost.Booster
LightGBM	LGBMClassifier、LGBMRegressor
CatBoost	CatBoostClassifier、CatBoostRegressor
lightning	lightning分類器、lightning回帰器
sklearn-crfsuite	sklearn_crfsuite.CRFモデル

● ELI5の基本的な使い方

ELI5では、分類モデルや回帰モデルに対して、大局説明と局所説明をそれぞれ提供します。また、説明対象のアルゴリズムによっては、出力結果をチューニングすることができます。例えばLightGBMの場合は、パラメータimportance_typeの値によって、**表10.5**のように重要度の計算方法を切り替えることができます。

①大局説明

モデル内部のパラメータを検査して、分類器や回帰器が大局的にどのような特徴量を重視して振る舞うか計算します。

②局所説明

個々の予測について、eli5.show_prediction()関数を実行することで、モデルによる予測の要因を出力します。

表 10.5 パラメータ importance_type ごとの重要度の計算方法 (LightGBM の場合)

パラメータ値	重要度の計算方法
gain (デフォルト)	木の分岐で利用される特徴量の分割利得 (切れのよさ) の平均値
split	すべての木でデータを分割するために特徴量を使用する頻度

10.3.2 ELI5の実行

それでは、実際にELI5を用いて、タイタニックデータセットについて学習したLightGBMモデルに対するPermutation Importanceを出力してみましょう。

● ELI5 による Permutation Importance

リスト 10.2 の Python コードを実行して、gain、split の 2 種類の計算方法によって特徴量の重要度を算出すると、**図 10.1** のように結果が表示されます。

リスト 10.2：ELI5 による LightGBM モデルの説明手順

```
# パッケージの読み込み
import pandas as pd
import pickle as pkl
import eli5

# モデルの読み込み
with open('lgbm_model.pkl', 'rb') as f:
    model = pkl.load(f)

# Permutation Importance の出力
eli5.show_weights(model, importance_type='gain')
eli5.show_weights(model, importance_type='split')
```

Weight	Feature
0.3770	Sex
0.2078	Fare
0.1232	Title
0.1017	Pclass
0.0923	Family
0.0733	Age
0.0230	Embarked
0.0017	Age_null

Weight	Feature
0.5885	Fare
0.1116	Family
0.1085	Age
0.0542	Pclass
0.0478	Title
0.0415	Embarked
0.0399	Sex
0.0080	Age_null

図 10.1　ELI5 による LightGBM モデルの各種 Permutation Importance 結果

図 10.1 の結果を順番に確認してみます。

- **パラメータ gain での結果**

  Sex（性別）、Fare（チケット代）、Title（敬称）の特徴量が、高い重要度となっています。6 章で確認したデータセットの基礎統計でも顕著な男女差が見られましたが、その感覚とも一致する結果です。モデル内部でのデータ分割の切れのよさによって重要度が計算されるため、Survived の予測判定に大きく作用した特徴量を確認できていると言えます。

- **パラメータ split での結果**

  Fare（料金）や Family（家族人数）などの特徴量が上位に来ています。理由としては、特徴量の使用頻度に基づいて重要度が計算されるため、複数回の分岐が必要な数値の特徴量が上位になりやすいのだと考えられます。

以上、Permutation Importance の計算方法によって、大きく異なる結果が得られることがわかりました。分類精度の観点から重視している特徴量を見たい場合には、gain の結果を受け入れるのがよいと言えます。その結果として、Sex や Title など性別を表す特徴量が重要だと分かりました。一方、split では、判定における重要な特徴量の理解とはなりませんが、「内部でどのような判断が繰り返されているか」の概要を把握するという意味でのモデル理解につながると考えられます。

● LightGBM が持つ Feature Importance

LightGBM アルゴリズムでは、特徴量の重要度にあたる feature_importances_ の情報をモデル自身が保持しています。そこで、**リスト 10.3** の手順により、LightGBM 自体で算出した特徴量の重要度を**図 10.2** に示し、ELI5 の結果と比較してみます。

リスト 10.3：LightGBM モデルによる特徴量の重要度の算出手順

```
# パッケージの読み込み
import numpy as np
import matplotlib.pyplot as plt
import seaborn as sns

# Feature Importanceの取得
feature_imp = model.feature_importances_ / \\
                     model.feature_importances_.sum()

# 表示（Feature Importanceの降順）
fig, ax = plt.subplots(figsize=(6,4))
sns.barplot(x=feature_imp, y=model.feature_name_,
            order=np.array(model.feature_name_) \\
[np.argsort(feature_imp)[::-1]] )
ax.set(xlabel='Importance', ylabel='Feature Names')
```

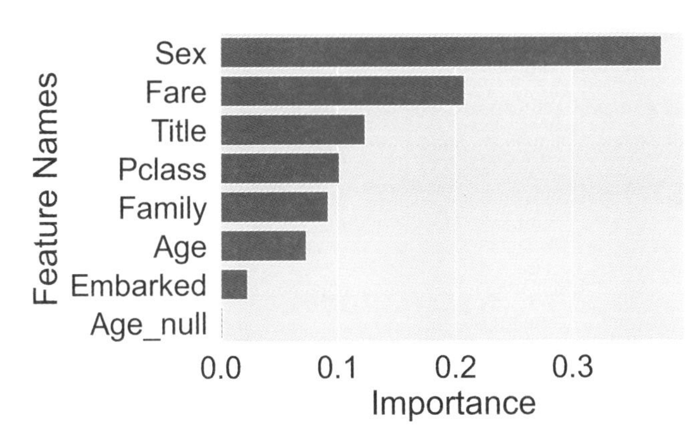

図 10.2　LightGBM モデル自身が保有する特徴量の重要度情報

図 10.2 より、LightGBM 自体で算出した結果は、ELI5 で importance_type に gain を指定した場合と一致していることが分かります。この LightGBM モデルの場合、特徴量の重要度は分割利得（切れのよさ）に基づいて計算されていることが理解できます。

● Permutation Importance で算出した場合

これまで説明したように、LightGBM ではモデル学習時の情報を用いて feature_importance を算出していました。そして、eli5 ではそれを可視化しているにすぎませんでした。そこで 4.4 節で説明したように、実際にデータを並び替えるなどの処理を行うPermutation Importanceを算出することにします。それには正解ラベル付きのデータが必要となります。**リスト10.4**のとおり、学習データと検証データでそれぞれPermutation Importanceを算出し、結果を比較します。

リスト10.4：Permutation Importanceによる特徴量の重要度の算出手順

```
# パッケージの読み込み
from eli5.sklearn import PermutationImportance

# 6章で加工済みデータの読込
train = pd.read_csv('train_proc.csv')
valid = pd.read_csv('valid_proc.csv')

# データの前処理
def make_Xy(df, col_y='Survived'):
    return df.drop(columns=[col_y]), df[col_y]
train_x, train_y = make_Xy(train)
valid_x, valid_y = make_Xy(valid)

# Permutation Importanceの獲得と表示
perm_train = PermutationImportance(model).fit(train_x, train_y)
eli5.show_weights(perm, feature_names=model.feature_name_)
perm_valid = PermutationImportance(model).fit(valid_x, valid_y)
eli5.show_weights(perm, feature_names=model.feature_name_)
```

Weight	Feature
0.0698 ± 0.0152	Title
0.0647 ± 0.0175	Sex
0.0430 ± 0.0029	Family
0.0408 ± 0.0092	Fare
0.0197 ± 0.0123	Age
0.0194 ± 0.0084	Pclass
0.0039 ± 0.0048	Embarked
0 ± 0.0000	Age_null

(a) train

Weight	Feature
0.1045 ± 0.0262	Title
0.0708 ± 0.0252	Sex
0.0303 ± 0.0231	Age
0.0281 ± 0.0159	Fare
0.0270 ± 0.0084	Family
0.0157 ± 0.0045	Pclass
-0.0011 ± 0.0045	Age_null
-0.0022 ± 0.0152	Embarked

(b) valid

図10.3　ELI5のPermutationImportanceによる結果

PermutationImportanceの算出にはランダム性を含むため、ELI5ではデフォルトで5回の試行を行います。**図10.3**は、Weightの左部がPermutation Importanceの平均を表し、その横に標準偏差を表示しています。

結果から、学習データと検証データでPermutationImportanceの傾向はほとんど同じであるとわかりました。つまり、検証データの傾向が学習データの傾向と似ています。もしも両者の傾向に差異があれば、データの分布が異なることを意味します。

このように、分析の深堀やモデルの改善に生かせる点が、PermutationImportanceを算出するメリットです。

10.3.3 ELI5の評価

ELI5を使って、AIモデルが判定に用いている特徴量の重要度を可視化しました。Feature Importanceを計算する際のパラメータを変えることで、AIモデルの内部で特徴量をどのように重視するか切り替えて出力できることを確認しました。また、パラメータgainの実行結果からは、判別精度の面から貢献している特徴量を確認できました。

ELI5は多様なAIアルゴリズムに対応し、重要度の可視化機能を持たないモデルにも適用できる汎用性に優れた説明技術だと言えます。また、本章の範囲から外れますが、個々の予測結果に対してもPermutation Importanceを計算する関数を持っているため、局所説明の選択候補としても検討の余地があると考えられます。

10.4 PDPbox（PDP・ICE）

重視している特徴量については理解できましたが、その特徴量の変化によって、予測結果にはどの程度の影響が現れるでしょうか。それを測るために**Partial Dependence Plot**（以下PDPと呼びます）を使います。本節では、PDPを出力できる「PDPbox」というライブラリの使い方を見ていきましょう。

10.4.1 PDPboxはどんな技術か？

PDPbox[1]は、任意の変数によって生じるモデル予測の変化を、PDPや**Individual Conditional Expectation**（以下ICEと呼びます）のグラフの形で出力するPythonパッケージです。適用できるモデルとして、scikit-learnおよび互換性のある教師あり学習アルゴリズムをサポートしています。

● PDPboxの基本的な使い方

PDPboxは**表10.6**の関数を持っており、PDPとInformation Plotsの２種類のグラフを表示できます。また、１つの変数だけでなく、２つの変数の組み合わせにも対応しており、単一の特徴量による影響と、特徴量同士の交互作用による影響をグラフにプロットすることができます。

表10.6　PDPboxの関数一覧

関数名	グラフの種類	変数の数
pdp.pdp_plot	Partial Dependence Plots（PDP／ICE）	1つの変数
pdp.pdp_interact_plot	Partial Dependence Plots（PDP／ICE）	2つの変数の組み合わせ
info_plots.target_plot	Information Plots（ターゲット変数の分布）	1つの変数
info_plots.target_plot_interact	Information Plots（ターゲット変数の分布）	2つの変数の組み合わせ
info_plots.actual_plot	Information Plots（モデルの予測分布）	1つの変数
info_plots.actual_plot_interact	Information Plots（モデルの予測分布）	2つの変数の組み合わせ

● PDPとICEの違い

１つの変数に対して、pdp_plot()関数を実行した場合の結果は**図10.4**のようになります。オプション値を指定せずに実行した場合は(a)PDPのグラフが出力され、標準偏差の範囲が薄い色で描かれます。オプションplot_lines=Trueとした場合は、個々のデータごとに複数グラフを描いた(b)ICEが出力されます。

1　ドキュメント：https://pdpbox.readthedocs.io/en/latest/、コードリポジトリ：https://github.com/SauceCat/PDPbox

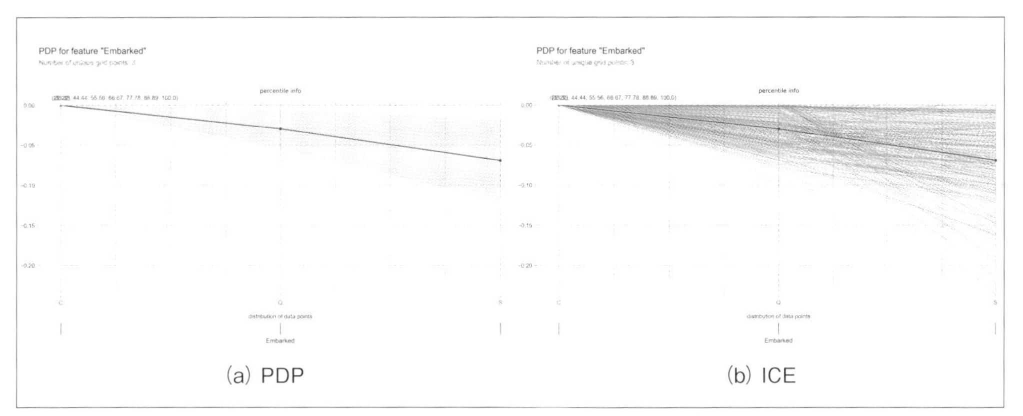

(a) PDP　　(b) ICE

図 10.4　1つの変数に対する PDP と ICE のプロット

● PDP と Information Plots の違い

2つの変数の組み合わせに対して pdp_interact_plot() 関数を実行すると、**図 10.5** のような PDP グラフを出力できます。2 変数の場合は、(a)PDP のような等高線で出力変化が描かれます。actual_plot_interact() 関数のグラフでは、(b)Information Plots のように、2 変数の組み合わせごとに円の濃さと大きさでモデル予測の分布が表現されます。

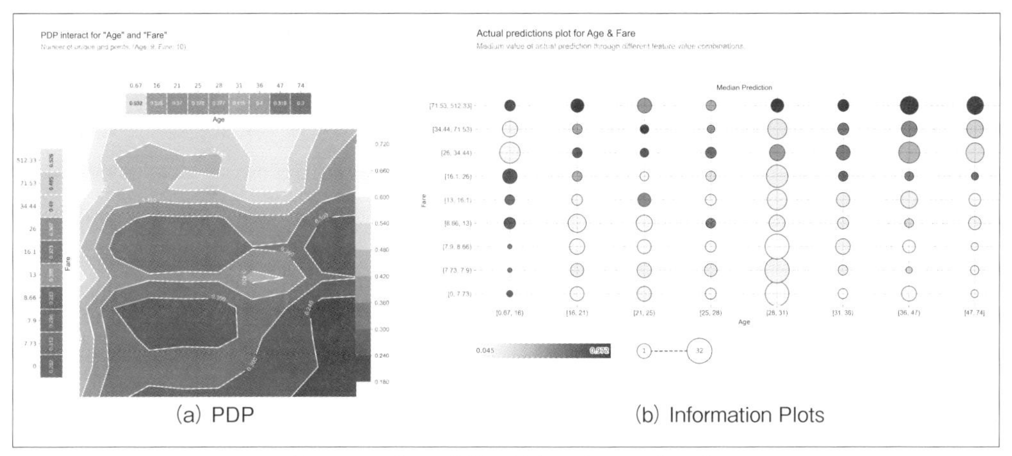

(a) PDP　　(b) Information Plots

図 10.5　2つの変数に対するグラフのプロット

●実行における留意点

表 10.6 の各 plot 関数は、オプション predict_kwds を用いて AI モデルに引数を渡す仕組みですが、デフォルト値が設定されていないため、引数渡しが必要ない場合でも predict_kwds ={} を明示的に追加する必要があります。

10.4.2 PDPboxの実行

PDPboxを用いて、学習済みのLightGBMモデルへの説明を行います。確認対象の変数には、数値特徴量Fare（料金）、およびAge（年齢）とFareの組み合わせを選びます。

● 1変数に対する結果

リスト10.5の手順により、特徴量Fareに対するLightGBMモデルの予測結果についてのInformation Plotsを、**図10.6**のグラフとして出力します。このグラフを見ると、Fareが大きな値になるほど生存率が高くなる傾向となっています。Fareの高さは主に客室等級で決まると考えられるため、「よい位置にありFareが高い客室ほど生存率が高くなる」という予測結果には納得感があります。

リスト10.5：特徴量Fareに対するInformation Plotsの出力手順

```
# パッケージの読み込み
import pandas as pd
import pickle as pkl
from pdpbox import pdp, info_plots

# データ、モデルの読み込み
train = pd.read_csv('train_proc.csv')
with open('lgbm_model.pkl', 'rb') as f:
    model = pkl.load(f)

# PDPboxによる特徴量Fareに対するLightGBMモデルのSurvived予測の変化
fig, axes, summary_df = info_plots.actual_plot(
model= model, X=train[model.feature_name_],
feature='Fare', feature_name='Fare',
show_percentile=True, predict_kwds={})
```

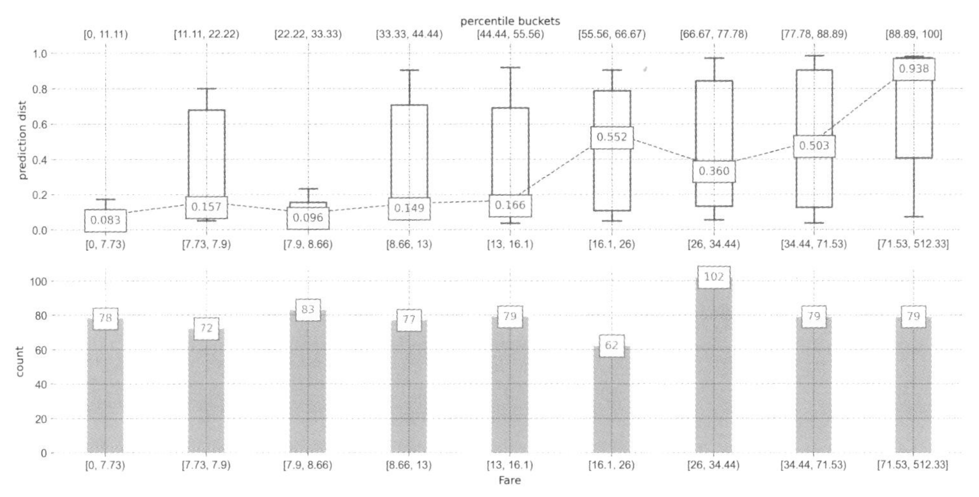

図 10.6　特徴量 Fare に対する LightGBM モデルの Survived 予測の変化

次に、**リスト 10.6** の手順に沿って、Fare の PDP を描画します。plot_lines=True のオプションを設定することで、ICE として**図 10.7** に示す分析結果が出力されます。

大まかな傾向としては、図 10.7 の Information Plots のとおり、Fare が高くなるにつれて Survived の予測確率が上がっていくように変化していることが分かります。また、個々のデータ条件件下の ICE をプロットしたことで、（図中の破線部分のように）Fare が高くても、Survived の予測確率が低いグループもあることが分かります。

リスト 10.6：数値特徴量 Fare に対する PDP のプロット手順

```
pdp_fare = pdp.pdp_isolate(model=model, dataset=train,
 model_features= model.feature_name_,
feature='Fare', predict_kwds={})
fig, axes = pdp.pdp_plot(pdp_fare, 'Fare', x_quantile=True,
show_percentile=True, plot_lines=True,
plot_pts_dist=True)
```

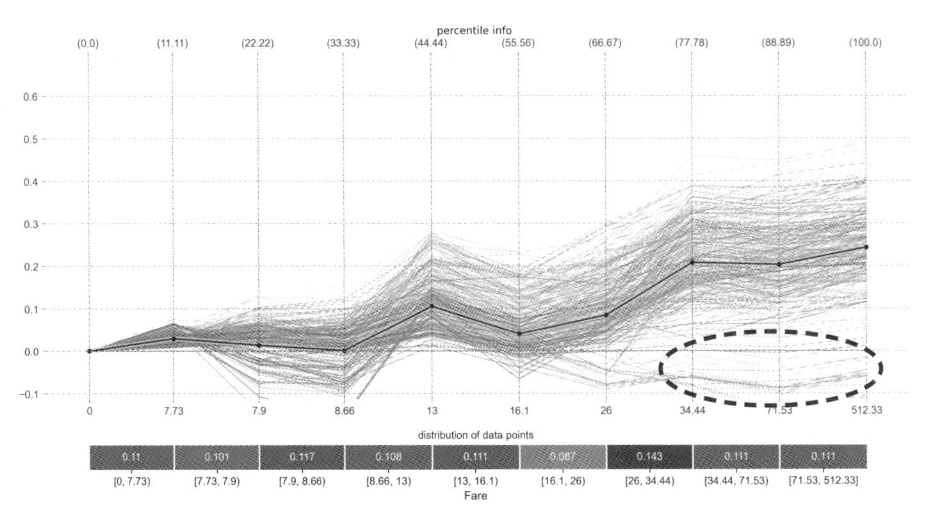

図 10.7　特徴量 Fare に対する PDP(ICE) の結果

● 2 変数に対する結果

今度は、Age と Fare の組み合わせによる PDP を確認してみます。**リスト 10.7** で出力された**図 10.8** の等高線プロットを見てみると、大まかな傾向として Fare が低く Age が高くなるほど Survived が低くなるような変化が見られます。また（図中の破線部分のように）、周辺と比べて生存確率が低下する島の領域が見られ、単調ではない変化傾向を等高線プロットから読み取ることができます。

リスト 10.7：Age と Fare 組み合わせでの PDP の可視化手順

```
interact_age_fare = pdp.pdp_interact(model=xmodel, dataset=train,
 model_features=model.feature_name_,
features=['Age','Fare'],
predict_kwds={})
fig, axes = pdp.pdp_interact_plot(pdp_interact_out=interact_age_fare,
feature_names=['Age','Fare'],
plot_type='contour',
x_quantile=True, plot_pdp=True)
```

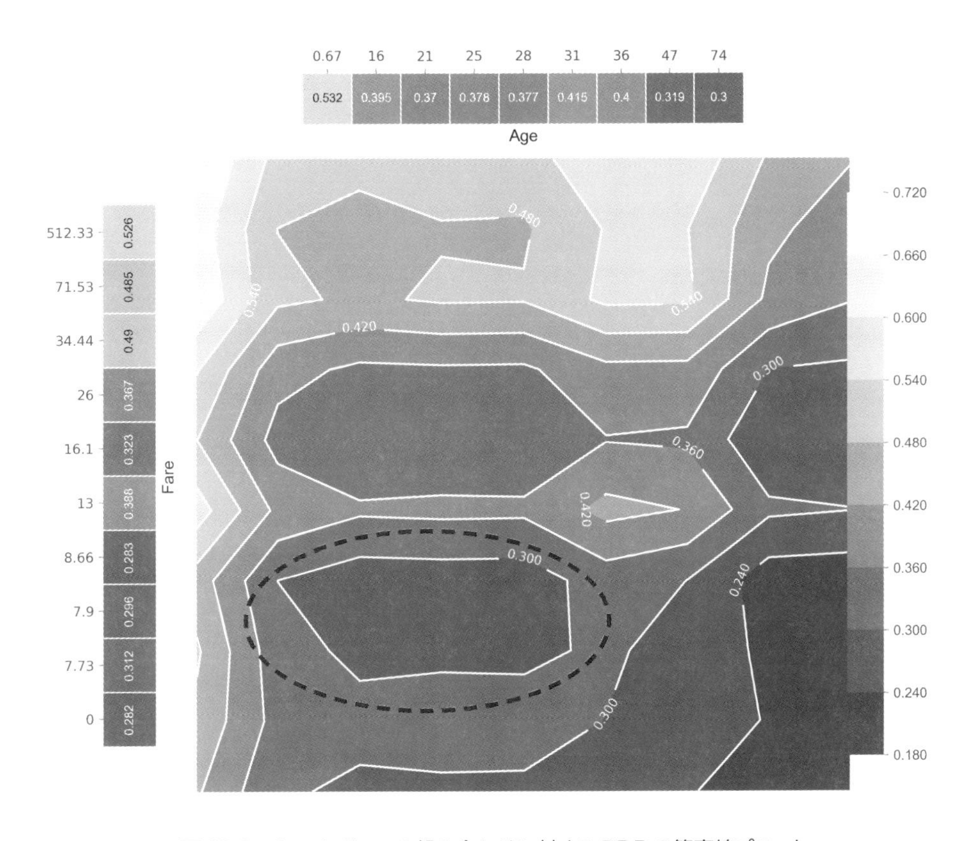

図 10.8　Age と Fare の組み合わせに対する PDP の等高線プロット

10.4.3 PDPboxの評価

PDPbox を用いて、特徴量変化で生じる結果への影響を、Information Plots と PDP の２種類のグラフで出力しました。PDP に関しては ICE のプロットも可能であり、一部のデータ条件下のみで生じる傾向変化も見逃さずに把握することができました。対象として、１変数だけでなく２変数の組み合わせをとることも可能であり、１変数 ICE プロットで発生した傾向変化が異なるグループについて、等高線プロットによってその理由を理解することができました。

以上のとおり、PDPbox は AI モデルと特徴量の関係性を具体的に見ていくための XAI の選択肢として、非常に有力であると考えられます。scikit-learn ベースのアルゴリズムに対応しているため、汎用性高く利用できると期待されます。

10.5 Skater (Tree Surrogate)

ここまで、特徴量が持つ影響力を測る観点で、AIモデルへの理解を進めてきました。今度は予測の判断過程を理解するために、大局説明技術「Skater」を用いて、決定木代理モデルを生成します。代理モデルの内部構造を確認することで、AIモデルが判断ルールを把握する方法を大まかに理解していきます。

10.5.1 Skaterはどんな技術か？

Skater[2]は、様々なAIモデルを解釈するオープンソースのフレームワークです。**表10.7**にまとめたように、大局説明と局所説明の両方をサポートしており、「LIME」など他のアルゴリズムの実装にも積極的に取り込んで、様々なアプローチによるモデル解釈の機能を提供しています。

表10.7　Skaterの説明関数一覧

分類	関数（クラス名）	機能の概要
大局説明	FeatureImportance	Permutation Importanceの算出
大局説明	PartialDependence	Partial Dependence Plotの出力
局所説明	LimeTabularExplainer	LIMEによる局所説明
局所説明	DeepInterpreter	ニューラルネットワークモデルに対する説明 （オプションrelevance_typeに指定した種類） 例. relevance_type=eLRとした場合 DNNのバックプロパゲーションでの各層の関連性を計算するLRPの出力
大局説明+局所説明	TreeSurrogate	決定木代理モデルの生成
大局説明+局所説明	BRLC	ayesian Rule Listの生成（R言語パッケージでのBRL生成関数に対するPythonラッパー）

ここでは、Skaterの様々な説明関数のうち、「**TreeSurrogate**」の使い方を理解していきます。TreeSurrogateでは、対象モデルの予測結果を学習した決定木を用いて、判断傾向を近似して説明を行います。説明対象モデルは、教師あり学習判別を行うものであれば依存性がなく、様々なアルゴリズムに適用可能です。

● Skaterの基本的な使い方（決定木代理モデルの生成）

Skaterでは一般的なワークフローとして、「説明機能ベース」(Interpretaion) と「ローカルモデル」(InMemoryModel) をそれぞれ生成し、組み合わせることで説明を行います。InMemoryModelは、説明対象モデルの予測関数とデータサンプルを渡して生成します。

2　ドキュメント：https://oracle.github.io/Skater/、コードリポジトリ：https://github.com/oracle/Skater

10.5.2 Skaterの実行

ここではSkaterを用いて、タイタニックデータセットで学習したLightGBMモデルに対する決定木代理モデルを生成してみます。

● SkaterによるTree Surrogate

リスト10.8のコードを実行して、**図10.9**の決定木代理モデルを生成します。決定木代理モデルについてLightGBMの予測結果とのAccuracyを評価した結果、スコアは0.91となり、高い忠実度の代理モデルが生成できていることが分かります。

図10.9の代理モデルの分岐ツリーでは、以下の条件分岐が表現されました。

①**最上位のノード0：Title_Mr ≤ 0.5（成人男性か否か）**

成人男性に該当した場合は、Not Survived（死亡）ノードに振り分けられています。性別は重要度の高い要因であり、代理モデルにも反映されています。

②**2段目のノード1：Family ≤ 4.5（家族人数が5人未満か否か）**

5人以上の場合は、Not Survived（死亡）ノードに振り分けられています。少人数のほうが機動的に避難できた可能性があります（家族の生死による違いなど、特徴量設計をさらに工夫する余地も考えられます）。

また、分岐ツリーはSkaterによって自動で枝刈りが行われ、決定係数R2などを用いて不要な分岐が削除されます。その結果、代理モデルの条件分岐はノード0と1の2つだけのシンプルな構成になっています。

なお、scikit-learnの扱いに慣れていると、リスト10.8のコードにおいて、fit関数にtrain_predではなくtrain_yを入力していることに違和感を覚えかもしれません。一見すると、LightGBMの予測結果ではなく、正解データを使用して単に学習データから決定木を生成しているように思われますが、このSkaterのコードが誤っているわけではありません。実は、Skaterのfit関数の引数use_oracle=Trueとしていることで、内部ではLightGBMの予測結果を使って代理モデルの学習を行う仕組みになっています（use_oracle=Falseとすると学習データから決定木を学習するので、生成されたモデルは代理モデルとはなりません）。このときfit関数に入力されたtrain_yは、内部的に説明対象モデルと代理モデルの精度を計算するために使用されています。

リスト 10.8：Skater による LightGBM モデルの決定木代理モデルの生成手順

```
# パッケージの読み込み
import pickle as pkl
from sklearn.metrics import accuracy_score
from IPython.display import Image
from skater.core.explanations import Interpretation
from skater.model import InMemoryModel
from skater.util.logger import _INFO

# データ、モデルの読み込み
train = pd.read_csv('train_proc.csv')
with open('lgbm_model.pkl', 'rb') as f:
    model = pkl.load(f)
train_X, train_y = train.drop(columns='Survived'), train['Survived']
train_pred = model.predict(train_X)

# 決定木代理モデルの出力
interpreter = Interpretation(train_X, feature_names=model.feature_name_)
model_inst = InMemoryModel(model.predict,examples=train_X,
model_type='classifier', unique_values=[0, 1],
feature_names=model.feature_name_,
target_names=['Not Survived','Survived'],
log_level=_INFO)
surrogate_explainer = interpreter.tree_surrogate(oracle=model_inst,
 seed=42, max_depth=3)
surrogate_explainer.fit(train_X, train_y use_oracle=True, prune='post',
scorer_type='default')

# 忠実度の計算（LightGBM モデルの予測結果に対する Accuracy）
accuracy_score(train_pred, surrogate_explainer.predict(train_X))
# スコア：0.91

# 決定木代理モデルの描画
surrogate_explainer.plot_global_decisions(
colors=['coral','lightsteelblue','darkkhaki'],
file_name='titanic_skater_tree.png')
Image('titanic_skater_tree.png')
```

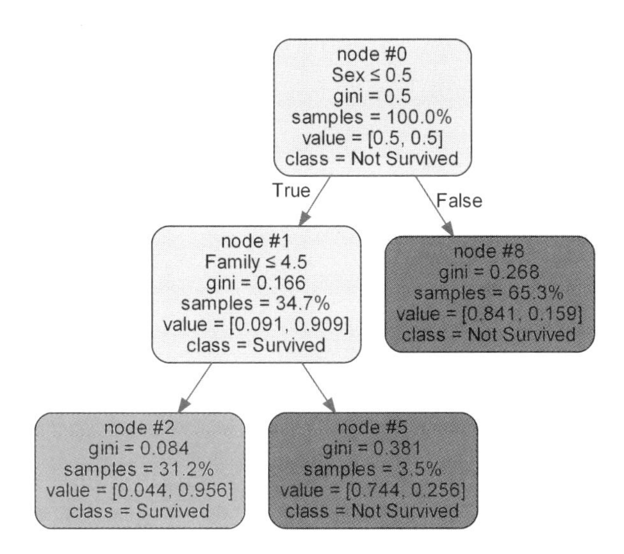

図 10.9　Skater による決定木代理モデル

● scikit-learn の決定木による代理モデル生成

Skater が代理モデルとして使用している決定木は、scikit-learn ライブラリにも含まれています。そこで、Skater を用いずに、scikit-learn だけで代理モデルを生成した場合の結果も確認してみます。

リスト 10.9 の手順より、**図 10.10** の代理モデルが生成されます。忠実度は 0.94 となり、Skater と同様に高い精度の代理モデルを生成できています。

リスト 10.9：scikit-learn の決定木による代理モデルの生成手順

```
# パッケージの読み込み
from sklearn.tree import DecisionTreeClassifier, export_graphviz
import pydotplus

# 決定木による LightGBM モデルの予測結果の学習
tree = DecisionTreeClassifier(max_depth=3, ccp_alpha=0.0)
tree.fit(train_X, train_pred)
dot_data = export_graphviz(tree, filled=True, rounded=True,
feature_names=model.feature_name_,
class_names=['Not Survived','Survived'])

# 忠実度の計算
tree.score(train_X, train_pred)
```

```
# スコア：0.94

# 決定木の描画
pydotplus.graph_from_dot_data(dot_data)
.write_png('titanic_sklearn_tree.png')
Image('titanic_sklearn_tree.png')
```

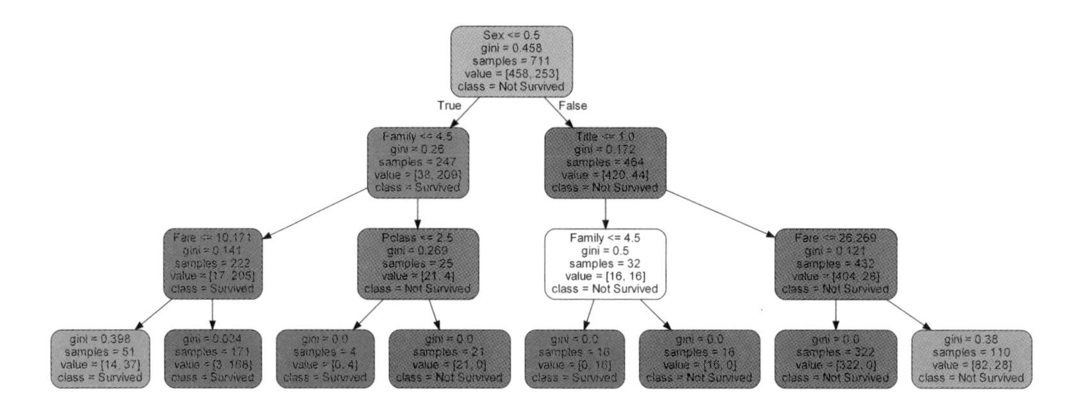

図 10.10　scikit-learn の決定木による LightGBM 予測結果の代理モデル

図 10.10 の代理モデルの分岐ツリーでは、以下のような条件分岐が含まれています。

①最上位のノード：Sex ≤ 0.5（男性か女性か）

女性の場合は、葉ノードに Survived（生存）が多い左側に振り分けられています。Skater 同様に重要度の高い性別が抽出されています。

② 2 段目のノード左：Family ≤ 4.5（家族人数が５人未満か否か）

５人以上の場合は、Not Survived（死亡）の葉ノードが含まれる側へ振り分けられています。Skater と同じ条件が抽出されています。

以上のとおり、Skater とは若干異なるものの、概ね似たような傾向の決定木が出力されました。**Skater との最大の差異は分岐ツリーの形状**です。DecisionTreeClassifier のオプションで ccp_alpha=0.0 を指定しているため、枝刈りが行われずに葉ノードの数は８つ（条件分岐は７つ）になっています。Skater では条件分岐が３つのみでしたので、少し複雑な代理モデルとなっています。そこで、ccp_alpha を 0.01 および 0.1 に設定し、**図 10.11** を出力しました。それぞれの結果は、以下のとおりとなりました。

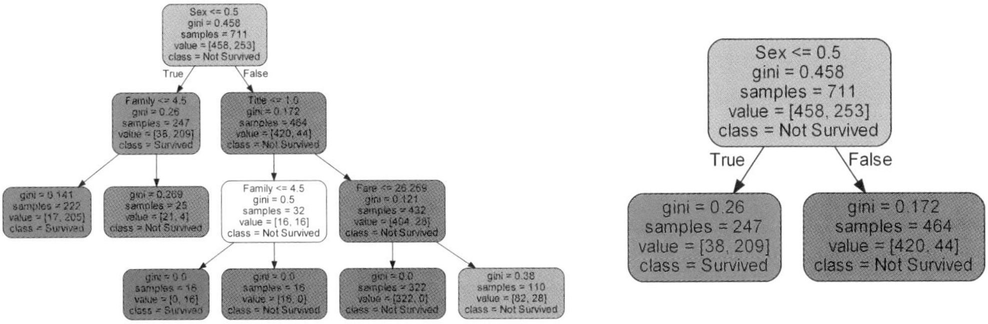

図 10.11 scikit-learn の決定木の ccp_alpha パラメータによる枝刈り

- **ccp_alpha=0.01 の結果**

  枝刈りされたノードは２つのみで、複雑度はあまり変わらない代理モデル

- **ccp_alpha=0.1 の結果**

  分岐数が１つのみのかなり要約された代理モデル。ただし忠実度 0.86 であり、LightGBM モデルの再現度合いが悪化

このように、scikit-learn を用いる方法では ccp_alpha パラメータの調整が必要となり、忠実度が高く解釈性のよい簡潔な結果を得るためには非常に手間がかかります。これに対して Skater は、特に細かい調整をせずに自動で枝刈りが実行されて、忠実度が高く、かつ、解釈しやすいモデルを手軽に生成できます。

10.5.3 Skaterの評価

Skater による決定木代理モデルの生成を通じて、LightGBM モデルの予測における内部の判断条件を解釈することができました。決定木による代理モデルの生成自体は scikit-learn を使っても実現できますが、不要な条件分岐を削除する枝刈りを自動で行うことで、より分かりやすいシンプルな代理モデルを容易に生成できます。

Skater による決定木代理モデル生成は、どのような判別モデルにも適用可能であり、汎用性に優れています。注意点は、代理モデル自体はあくまでも複雑な AI モデルの入出力傾向を再現したに過ぎないという点です。実際のモデルの内部処理を解釈する仕組みではないため、代理モデルで理解した判断条件を受け入れる際には、忠実度の高さなどから「AI モデルと同等に捉えても差し支えない程度に再現された代理モデルである」と見なす必要があります。このような留意点を踏まえつつも、Skater は実用性の高い XAI ツールとして活用が期待されます。

検証成果のまとめ

本章では、ELI5、PDPbox、Skaterの３つの大局説明XAIライブラリの使い方を紹介しました。それぞれのXAIライブラリを用いて、以下の大局説明を出力する手順と、その解釈について理解することができました。

- **ELI5**：どの特徴量を重視しているのかを定量化するPermutation Importance
- **PDPbox**：特徴量や特徴量の組み合わせに対する予測出力変化を描画したPartial Dependence Plot（Individual Conditional Expectation）
- **Skater**：AIモデル内部の判断を決定木の条件分岐で表したTree Surrogate

複雑なAIモデルの全体的な振る舞いを理解するうえで、これらのXAIライブラリを駆使することは非常に有用であると言えます。

一方、大局説明XAIの技術については、本章で紹介できなかった手法もたくさんあります。例えば、「imodels」というXAIライブラリでは、学習データやAIモデルの予測について、簡潔な特徴量の組み合わせで表現したルールを抽出・選定するBeyesian Rule Listを出力することが可能です。そのほかにも、目的に合わせた多様な手法が提案されています。それら大局説明XAIの活用を検討するにあたっては、本章で学んだように、サンプルデータを用いて使い方を理解しておくことが重要です。

第11章

LIME、SHAPの苦手シーンと解決策

ここまで紹介してきたXAI手法を実際に適用すると、手法ごとに様々な限界に突き当たります。本章ではXAI手法の特性や注意すべき点を踏まえ、その解決策を提案していきます。

11.1 XAI手法の限界

本書ではここまで、様々なデータに対するXAI手法の使い方を確認してきました。XAI手法により、表形式や画像、テキスト形式のデータについて様々な観点から理解することができました。しかし、これらの手法は万能ではなく、むしろ取り扱いが難しい場合もあります。

モデルの予測結果に対する説明は、本来予測モデルそのものの性質にのみ依存すべきであり、XAI手法の違いによってその結果が左右されることは望ましくありませんが、実際には、選択する手法によって結果が異なることが一般的です。また、手法によってはモデルのパラメータやデータの変動に対する安定性を欠く場合があったり、計算量が多くかかったりする場合があるので、それぞれの手法を使った場合の出力の挙動や手法の性質を踏まえた適用を考えるべきです。

本章では、それぞれの手法の注意点を解説していきます。

11.2 LIMEの結果の安定性

LIMEは、入力に対してランダムな摂動を加えた近傍データ点を多数発生させる手法です。したがって、説明結果はランダムな近傍データ点に依存するため、説明結果も実行のたびに変動してしまいます。

この問題に対する最も簡易な解決策は、乱数を生成するseed値を固定することです。具体的には、LimeExplainerのコンストラクタでオプションrandom_stateの値を指定します（データ形式共通のLimeBaseで定義されており、すべてのExplainerで利用することができます）。

リスト11.1：LIMEにおける乱数のseedの指定

```
import lime
explainer = lime.LimeTabularExplainer(X, random_state=42)
```

ただし、説明の根拠に乱数を使う点については本質的に解決しておらず、常に同じ条件の乱数で結果を出すことで再現性を持たせているに過ぎません。実際の計算過程においては、依然としてseed値に依存しています。

そこで、実行のたびに変化する乱数によって生じる影響への頑健性を増すために、発生させるサンプル数を増やす方法が考えられます。これはexplain_instance()関数の呼び出し時に引数num_samplesで与えるサンプル数（デフォルトでは5000）を増やすことで対応可能です。ただしこの値を増やすと、1サンプルあたりの予測にかかる計算コストが高いモデルでは、計算時間が大幅に増えますので注意が必要です。確率値の算出関数が低コストで計算できるものであれば、サンプル数を増やすことで安定した説明を得ることも選択肢となります。

リスト 11.2：LIME のサンプル数の指定

```
explainer.explain_instance(X[0], predict_proba, num_samples=20000)
```

このように乱数を使うLIMEの仕組みには十分注意が必要ですが、一方でLIMEはロジックが比較的単純であり、かつ、説明対象モデルへの依存性がない（Model-Agnostic）という重要な性質を持つため、十分な実用性があると考えて差し支えないと言えます。乱数の影響については、サンプル数を増やして安定的な結果が出力されることを確認し、seed値を固定して解決を図ることが重要です。

乱数に対する安定性がシビアな問題になるケースでは、乱数を使わないLIME以外の手法に切り替えることも選択肢として考えるべきです。代替案としては、第9章で紹介したSHAPなどが考えられます。

SHAPはシャープレイ値に基づくロジックであり、乱数を使用せずに確定した説明結果を出力することができます。一般的にSHAPは、特徴量の増加に対して指数的に計算量が増えるため、LIMEよりも大幅に計算時間が長くなります。利用の際には、計算量と出力の安定性とのトレードオフを考えて、バランスをとる必要があります。

他の代替案としては、モデルに特化したXAI手法も選択肢になります。例えば、ディープラーニングモデルの場合、入力値または中間layerの出力値についての微分の情報を用いて寄与度を説明する手法が考えられます。第7章では画像のCNNモデルに対してGrad-CAMを、第8章では文章分類モデル（BERT）に対してIntegrated Gradientsを適用した例を紹介しました。これらの手法を使った場合、特徴量の数（画像の場合は画像サイズ、テキストの場合はテキスト長）が増えても、特徴量の数の線形オーダーでしか計算時間が増えない場合があります。ディープラーニングモデルに対する説明では、これらの手法とも比較することが推奨されます。

11.3 SHAPの計算時間の対処

シャープレイ値の算出では一般に、特徴量の数をMとして、2のM乗オーダーの計算量を必要とするため、特徴量の追加に対して計算量が爆発的に増加します。ただしSHAPの実装では、モデルの特性に応じたロジックのExplainerが実装されているので、これらを使うことで計算量を小さく抑えることが可能です。また、shap.Explainerのコンストラクタにモデルを与えることで、SHAP側で自動的にExplainerを切り替える仕組みになっています。

リスト11.3：shap.Explainerの利用

```
import shap
explainer = shap.Explainer(model)
```

特に、次のTree-Basedのモデルの場合には、shap.TreeExplainerが自動で選択されます（明示的にshap.TreeExplainerを呼び出して使うこともできます）。

- XGBoost
- LightGBM
- CatBoost
- scikit-learnのtree-basedの手法

本来SHAPの計算は、それぞれの特徴量を「使う場合／使わない場合」の全組み合わせに対応する計算結果を必要とします。しかし木構造の場合、分岐をたどるまでに使った変数の情報を保持すれば、大幅に計算量を減らせます。本来特徴量の数をMとして2^Mのオーダーの計算量が必要であるところ、モデルの木の数をT、葉の数L、木の深さDに対して、計算量TLD^2に抑えることができます。そのため、特徴量が多くて通常のSHAPのアルゴリズムでの計算量が膨大であっても、少なくできます。さらに、TreeExplainerではTree用にC++で実装したロジックが利用されるため、非常に高速に動作します。

第9章では、lightGBMを使ったSHAPの利用例を説明しましたが、計算量は特徴量の指数オーダーではなく、木の複雑さによって増えるロジックを採用していたことになります。

そのほか、ロジスティック回帰（sklearn.linear_model.LogisticRegression）では、shap.LinearExplainerが用意されています。このExplainerを使った場合は、解析的に回帰係数からシャープレイ値が算出されます。

11.4 スパースデータに対する分析

LIME をテーブル形式のデータに適用する場合、対象となるテーブルに非ゼロとなる要素が非常に少ないスパースデータ（疎なデータ）を対象にすると、困ったことが起こります。本来なら、非ゼロの要素のみを説明対象とすべきところなのに、記録されていないゼロ要素が寄与しているかのような結果が大量に計算されてしまい、本来抽出したい影響が出ないことがあります。また、このようなデータでは、一般的に特徴量が非常に多いため、XAI 手法適用時の算出時間が大幅にかかります。

LIME では、ゼロとなる要素も含めて、データをランダムサンプリングすることが原因です。これを避けるために、LIME では scipy の疎行列 scipy.sparse.csr_matrix の入力に対応しています 。疎行列が入力された場合は、LIME で乱数が加えられるのは非ゼロの要素に限定されます。このように入力するデータ形式を変更することで、出力される結果は実用上問題ないものとなることが期待できます。

リスト 11.4：疎行列の利用

```
from lime.lime_tabular import LimeTabularExplainer
import scipy.sparse as sps

X_sparse = sps.csr_matrix(X)
explainer = LimeTabularExplainer(X_sparse, class_names=class_names)

idx = 83
exp = explainer.explain_instance(X_sparse[idx], model.predict_proba)
```

上記は LIME での例ですが、SHAP でも同様に、csr_matrix を受け付ける機能が shap.KernelExplainer に実装されています。スパースデータを対象として LIME や SHAP による説明を行う場合には、csr_matrix の形式に変換して利用することも改善の一案となります。

本章のまとめ

本章では、XAI手法の利用シーンにおける課題を挙げ、改善策を提案しました。

ランダム性の問題に対しては、乱数を固定するという表面的な解決策だけでなく、サンプル数を増加させることによって頑健性の高い説明の出力を試みることが重要だと言えます。

また、SHAPの計算時間は特徴量の数に大きく影響されるため、多次元のデータを扱う場合には計算コストが課題となります。SHAPでは説明対象モデルのアルゴリズムに特化した実装が提供されており、特にTreeSHAPなど高速な手法を適用することで、改善につながる場合があります。

データの特性として非ゼロの要素が少ないスパース性がある場合には、本来摂動させたくないランダムサンプリングが行われるおそれがあります。LIMEやSHAPの実装ではその改善として、csr_matrixなどの形式でデータが入力された場合に必要な特徴量のみを摂動させる機能を実装しているため、データの特性に合わせた形式に変換する必要があります。

以上のように、XAIを実用で使いこなす際に課題となりうる点についても、使い方を工夫すれば解決につながる場合があります。実際に躓いてしまった際には、XAIの機能や特性を振り返って、改善を図れないか試みてみましょう。

第12章 業務で求められる説明力

これまで本書では、XAIについて昨今の技術動向や使い方を見てきました。本章では、実際の業務にAIを活用するシーンをイメージして、どのような「説明」が求められているかの洞察を深めていきます。

12.1 ビジネス上の説明

AI活用の現場では、「ロジックがブラックボックスでは使えない。使いづらい」という声がよく聞かれます。そうした利用者の声に応えるエンジニアの立場を意識して、本書ではXAIを紹介してきました。ここで少し視点をビジネス側に向け、利用者は説明にいったい何を求めているのかを洞察してみましょう。

12.1.1 AIの活用シーン

ビジネス上求められる説明とは何か、それはシーンごとに異なります。AIは様々なシーンで広く活用されるようになりましたが、それぞれのシーンごとに満たすべき十分条件が異なることを理解して、AI開発を進めることが重要です。AI利用者のタスクを、緊張感と自動化の2軸で整理してみます。

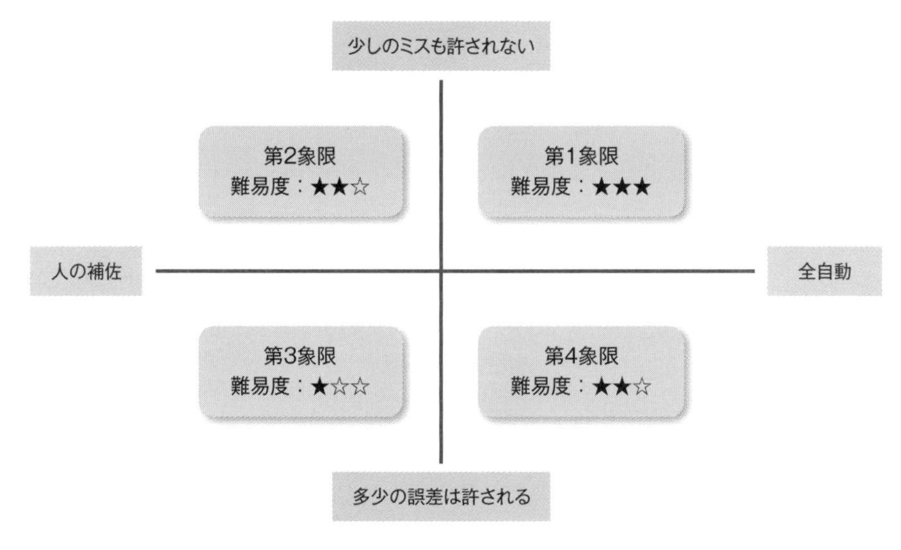

図12.1 AI活用シーンの分類

AI活用を進めるなかで、利用者からは下記のような質問がよく上がります。

- センサーデータからの異常検知を実現するのは難しいですか？
- ディープラーニングは画像に対してかなり精度が高いので、大丈夫ですよね？
- 需要予測の精度を高めたいのですが、これまでやってきた回帰だけでなく、昨今のアルゴリズムを使えば精度が上がりますよね？

これらの質問の背後にあるのは、「解くべき問題とデータが特定されれば、これまでの経験から、モデル構築の難易度（精度）や、活用までの難易度が分かるだろう」という期待です。しかし、これらを判断するには、特に後者の「活用までの難易度」を測るには、もう少し情報が必要です。

その情報を整理するうえで役立つのが、先ほどの**図 12.1** です。想定される業務活用のタスクが、図中のどの象限に入るかによって、AI に求められる精度や安定性、そして必要な説明も違ってきます。「AI モデルの開発」と言うと、利用するアルゴリズムとデータにばかり注目しがちですが、業務上の活用シーンを見定めてプロジェクトを進めていくことが手戻りのない生産的な活動につながります。

例として、「自動運転」を取り上げてみたいと思います。自動運転に不可欠な画像や動画の認識技術、通信技術などには、言うまでもなく AI 技術が様々な形で使われています。皆さんご存じの通り、自動運転は世界の優秀な頭脳や企業が参入している 10 年越しのプロジェクトです。全自動を目指しながらも、人の命に係わる緊張感が求められます。歩行者の自動識別や、悪天候時や未知の場所でも滞りなく運転を継続するための技術的課題もさることながら、万が一の事故へ保険は適用されるのか、責任を問われるのは誰かといった法整備も必要です。

自動運転に限りませんが、新しい技術の社会適用を達成するには、多くの障壁を乗り越えねばならず、緊張感の高い現場への AI 導入は険しい道のりです。大きなゴールは、或る日突然やってくるものではありません。細かくフェージングし、一歩ずつ進めていくのが常です。自動運転のフェージングは、米国の自動車技術会（SAE）が下の表のように整理しています。

表 12.1 自動運転のフェージング

レベル	名　称	主　体
0	運転自動化なし	ドライバー
1	運転支援	ドライバー
2	部分運転自動化	ドライバー
3	条件付き運転自動化	車（自動運転システム）
4	高度運転自動化	車（自動運転システム）
5	完全運転自動化	車（自動運転システム）

この定義は世界的にコンセンサスを得ており、2021 年現在、レベル 2 からレベル 3 あたりで各社が開発にしのぎを削っています。各フェーズについて、もう少し詳しく紹介します。

●レベル 0：運転自動化なし

従来の自動車の世界を意味しています。ドライバーがすべての運転操作を行い、すべての責任を負います。多くのドライバーが保険に加入して事故に備えています。昨今はカーシェアやサブスクリプション利用が激増していますが、ほとんどのサービスが自動車保険を含んでいます。

なお、ドライバーの運転操作を支援する機能は、昔からいろいろとありました。ステアリングのふらつき抑制、スリップ防止、加速や減速のスムージング、古くは変速ギアの自動シフト（オートマ車）やパワーステアリング等です。これら相互の協調動作や、AIによる認識・判断・制御との連携が果たされないかぎり、自動運転は遠い話です。

●レベル1：運転支援

各種の運転操作を個別に支援する段階です。アクセルやブレーキの操作、障害物や車間距離に応じた減速・停車、方向指示器（ウィンカー）忘れに対する警告アラート、車線はみだしの監視機能などが該当します。ドライバーがすべての運転制御に責任を負うなかで、限定的なサブタスクのアシストや危険検知アラートなどを機械が担当します。

この部分的なサブタスクの支援機能は、既に自動車メーカー各社が多くの車種に搭載しています。「運転を任せる」というよりは、ドライバーの運転を補佐して安全性を高める役割を果たします。責任の所在や、事故の際の保証・保険の考え方などはレベル0を踏襲しています。

●レベル2：部分運転自動化

限定的な条件および、ドライバーによる常時監視を前提として、「一部タスクを自動運転に任せる」という段階です。例えば、駐車場でのハンドル操作の自動化、高速道路や自動車専用道路等での自動運転が該当します。

主体は依然ドライバーであり、部分的に手放し運転が可能になりますが、放置や他所見はできません。責任の所在や事故の際の保証・保険の考え方は、まだレベル0を踏襲していますので、法解釈の世界に踏み込むことなく、技術的な壁が越えるべき目標となっています。

●レベル3：条件付き運転自動化

レベル3になると、大きく状況が違ってきます。一定の条件下において、すべての運転操作を自動で行います。その際の責任の主体は、ドライバーから自動運転システムに移行します。ここが大きなポイントです。法解釈や保険制度等の見直しが必要になるからです。日本では道路交通法・道路運送車両法の改正に伴い、2020年4月にレベル3が解禁となり、関連する法整備が進んでいます。

行為の主体が変わる際には、技術面だけでなく、他の諸々の整備が必要になるという好例です。自動運転ほどの規模でなくても、AI活用によって業務の主体が人からAIへ変わる際には、しばしば業務ルールの見直しやコンプライアンスの整備が必要となります。巷で囁かれる「AIに仕事をとられて、人が要らなくなる」という懸念もひとつの課題です。雇用側は、被用者のその後についても考えておかなければいけません。

自動運転レベル3においては、「一定の条件下」という部分が要注意です。一定の条件から外れたら、ドライバーに運転操作を引き継ぐ義務があり、自動運転システムから要請があった際には、速やかに人が運転操作を行わなければいけないのです。

今後の展開が注目されますが、レベル3は「やや中途半端な位置づけ」と見られ、「レベル4相当に到達するまでは実社会に展開すべきでない」、ないしは「限定的に順次展開すべき」という意見もあるようです。サイバーセキュリティの課題も急浮上しています。乗っ取りによる危険運転や、悪意による事故の誘発が大きな懸念事項となっており、より厳しい検討が求められています。

●レベル4：高度運転自動化

限定された領域内においては完全に人の手から離れ、自動運転システムに任せる段階です。レベル3との大きな違いは、「危険な状況下にあっても、領域内であれば人は一切関与する必要がない」という点にあります。商業施設内や空港の敷地内など、走行エリアなどを限定すれば、ハンドルやブレーキ、アクセルといった運転操作のインターフェイスは不要となります。タクシーやバスなどの移動サービスにおける商用が中心になると予想されます。

余談となりますが、最高レベルのひとつ手前となるこのレベル4を最終ゴールと見据えると、問題設定を少し簡単にすることができそうです。例えば、特定地域の決められたルートを、路面電車のように走る場合に限定してみましょう。あらかじめ行路を固定し、GPSで現在位置を測り、障害物の有無を確認して前進あるのみという問題設定であれば、汎用的なレベル5の自動運転と比較して、実現の可能性や労力をぐんと削減できそうです。実際に東京湾岸を無人運行している「ゆりかもめ」などが、先例となるでしょう。

プロジェクトの目標がレベル5の実現であれば、こういった限定特化の開発は遠回りとなります。現在出回っているAI活用型サービスや商品の多くは、何かしら限定的な範囲に特化して作り込まれています。目指すべきゴールをどこに置くか、汎用性をどの程度考慮するかの検討が重要といえるでしょう。

●レベル5：完全運転自動化

領域を限定せず、いかなる状況下においても自動車運転のすべてが自動化されます。ここまでくると、もはや人は操作を一切しない前提になりますので、ハンドルやブレーキ等はすべて不要となります。レベル5にはさらなる法整備も必要で、「少々非現実的では？」という意見もあるようです。自動車販売から、ヒトやモノの運搬サービスへといった、ビジネスモデルの大転換も起こるでしょう。レベル5にはまだ明確なゴールが描かれておらず、「しばらくはレベル4の適応領域を拡張していく形で進化が続く」というのが大方の見解です。

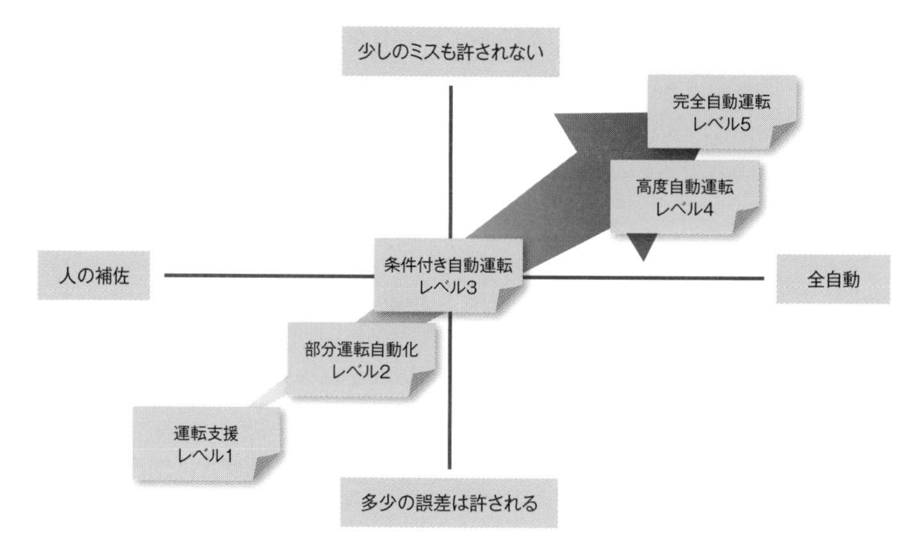

図 12.2　自動運転技術のフェージングの様子

以上が自動運転におけるフェージングです。さすが、全世界を巻き込むだけあり、綺麗にフェーズ分けされていています。冒頭で紹介した**図 12.1** の象限に当てはめると、**図 12.2** のように、左下から右上方向へ成長していると言えます。

自動運転のフェージングの例は、業務に AI を活用する際にも大きなヒントになります。いきなり AI にすべてを任せるようなゴール（自動運転ならレベル 5）を目指すのは危険です。取り組むべき課題の列挙すらできず、唖然と立ち尽くしてしまう結果を招くでしょう。フェージングの際に、自動運転から学ぶべきいくつかのポイントを挙げてみます。

- AI に作業を任せる際には、人の補佐から始める（レベル 1、レベル 2）
- 責任主体が AI に取って変わるところに大きなギャップが存在する（レベル 3）
- 責任主体が AI になった際は、限定的な領域からはじめる（レベル 4）

自動運転とは全然スケールが違いますが、これらを意識して AI 活用を進めていきましょう。

自動運転は何らかの AI 技術を 1 つ使って実現されるものではなく、様々な技術を組み合わせて成り立つものです。次節ではもう少し身近なタスクを想定し、そこで求められる「説明」について洞察を進めますが、その前に、自動運転に XAI がどのように役に立つかを少し考えてみましょう。

障害物検知のタスクには、画像認識 AI が必要となります。障害物の有無、対象は動物か人間か、はたまたトラックの落下物かを検知し、必要に応じてアラートやブレーキ操作を発動します。検知した障害物の種類によっては、不規則な動きをするため、運転方針が変わる可能性があります。例えば、子供は大人に比べ不規則性のリスクが高いと判断し、距離を多めに空ける必要がありそうです。「子供の判別は重要である」という仮説のもと、子供と判別した根拠をXAIで可視化したとしましょう。その根拠が、仮に「背負っているランドセル」だった場合には、即座に、ランドセルを背負っていない子供の画像で実験する必要がありそうです。

手元のデータで精度を見ることも重要ですが、AIがどのように判断しているかを適宜確認することも重要だと言えます。

12.1.2 説明が必要なビジネスシーン

説明が必要とされる実際のビジネスシーンを具体的に考えてみます。残念なことに、ネガティブなシーンが多いようです。つまり、うまくいかなかった際の申し開きや言い訳がほとんどです。

何らかの意思決定に対して、AIは直接的または間接的に関与します。AIのアウトプットをそのまま業務に活用することもあれば、別のロジックや人の意思決定のエビデンスとして使うこともあります。そして、ビジネスの意思決定には当然責任が生じます。責任は、ビジネスの種類や契約によって様々な形をとりますが、そのひとつが「説明責任」です。健全な組織では、責任は権限を持つ上席の人間が負い、重大な問題が起こったら引責辞任したりします。もちろんそういった最悪の事態を避けるべく、誰もが努めます。

「問題が起きないであろうことを納得してもらう」、あるいは問題が起きた際に「果たすべき説明責任の一端を担うこと」、これらがAIに説明を求める理由です。「説明」はビジネスに起因する要件であり、AIについても例外ではないのです。

いくつかの事例を通じ、どうすれば納得に行き着けるのかを眺めてみたいと思います。

●裁判沙汰を想定した説明と納得

ビジネスシーン次第では、個人情報漏洩やセキュリティインシデントの発生は、司法裁判を覚悟すべきリスクとなります。例えば、金庫などを開ける際の本人確認にAIを活用するケースを考えてみます。顔や声紋・静脈など様々なデータソースによる認証が考えられます。

認証の役割は、本人を受け入れ、他人を拒否することです。認証システムは悪意の侵入者の存在を前提としなければならず、もし犯罪者がこれを突破した場合、損害を誰が補填するかまで準備しておく必要があります。AIの開発者（またはシステムのオーナー）には、もしものときに「AI技術は確からしい。信頼できそうだ」と説明する責任があるのです。ここで求められるビジネス上の説明は、AIモデル開発の際に、どのように受け取ればよいでしょうか。

実際のところこういったAI開発の事例では、「可読性を担保すべきか否か」という議論がよく交わされます。「判断理由が全く分からないロジックで大事な判断を出力されても、信じていいのか決められない」といった気持ちから、可読性の要望が出てくるのでしょう。厳密に言えば、「判断理由が全く分からない」というよりも、「複雑すぎて、人間の直感からかけ離れた規模の条件となり、口頭で説明できない」といった方が正確でしょう。ここで採用すべきロジックは、可読性の高いものであるべきか、それとも精度を追い求め、可読性が低くても許容すべきか、非常に悩ましい問題であると感じます。

認証システムが悪意を持った人間に晒される場面を考えてみましょう。可読性が高いロジックを用いた場合、その構造が予測・解読されて、突破方法を見つけられてしまう懸念があります。指紋認証の突破などがこれに該当します。

指紋認証システムはスマートフォンのロック解除など身近に使われ、原理が分かっている人は、指紋画像のみで解除を試みると大抵無駄な努力となり、導電性素材で指紋の形状を再現する必要があると知っています。中身が分かりやすければ、突破も容易です。指紋認証の知識は（構造のみならず、残念なことに突破方法も含めて）広く知られているため、安価で気軽に使える範囲に限定して活用されています。

では、要求が厳しいシーンにおいて、可読性が低い複雑なロジックを使えば、突破のリスクは下がるのでしょうか。残念ながら、そうともいい切れないのが実態です。有名な警鐘として、第3章でも取り上げた、パンダの画像にノイズデータを加えてテナガザルと誤認識させる敵対性攻撃があります。これは技術的にはオーバーフィッティングの一種と見られる一方、自動運転においては交通標識改ざんのリスクが指摘されています。

可読性が高いロジックだと、突破リスクを検討しやすいのに対し、可読性が低いロジックでは、AIモデルのトレーニング方法や学習データの包括性などから、間接的に突破リスクを検討することになります。採用するロジックの検討では、正常運用時の精度検証だけでなく、どのような攻撃を受ける可能性があるのかも十分に意識しなければなりません。

あるAI開発の事例では、開発初期にはXAIやシンプルなロジックの適用が議論されましたが、結局はロジックの可読性よりもテストケースを重視する方針へ変更されました。AIが出した結果について、「理由をきちんと説明できるか」よりも、「どれほどの手厚い試験を実施してロジックの確からしさを確認するか」という点に重きを置いた結論です。データの量だけでなく種類（実用上のあらゆる場面を多角的に表現できるデータ）も豊富に用意し、悪意を持って突破を試みるケースも取り入れ、各テストケースにおいて一定以上の精度を確認し、旧来の認証の精度との比較を実施します。腹落ちさせる相手には裁判所をイメージしていますので、過去の判例なども参考にしながら、論点になる箇所を網羅的にカバーすることを意識した結果です。裁判所を納得させるための十分条件は、膨大なケースによる学習と検証だったということです。

●大きな意思決定をする際の説明と納得

スマートファクトリー計画やデジタルツイン構想を踏まえ、製造業ではセンサーデータやコネクテッドな大量データを用いた不具合検知や異常検知へのAI活用が盛んです。大抵の場合、机上検証や要因分析までは順調に進むのですが、いざ意思決定を伴うシステムに搭載するとなるとハードルが上がります。

昨今の生産現場では多くの作業が自動化されています。例えば、商品を袋詰めする際に重さを平準化するように中身を配分したり、焦げ目や傷や気泡が入ってしまった商品をラインから除外したりと、多くの作業を機械に頼っています。そうしたメカニズムが明確な特定のタスクは、AIに限らず様々なロジックで実現されていますが、まだまだ熟練職人の勘と経験に頼っている事柄が多くあります。「メカニズムはよくわかっていないけれど、経験上ある程度のベテランならば勘が利く」といった類のタスクは、AIにうってつけの題材です。無人生産を目指さずとも、多くの現場が熟練者からのナレッジ継承に悩み、AI活用を切望しています。

異常の発生や歩留まりの低下を予知して製造パラメータを大きく変更したり、一度ラインを止めて商品の投入からやり直したり、そういった大きな意思決定を、XAIならば任せてよいでしょうか。XAIにそこまで期待するのは少々酷でしょう。XAIにできることは「なぜ異常と判断したか」の説明までです。大きな意思決定を下す際には、異常と判断した理由だけでなく、ラインを止めることで生じる損害や、ラインを止めないことで生じるリスク等を総合します。ややもすると「説明可能」という言葉が独り歩きして、そういった判断も説明してもらえるかのように、期待値が膨らんでしまうことがあり注意が必要です。異常発生を予測した理由と、その後の対処を行う根拠は別々です。モデルの判断説明をいくら頑張っても、意思決定の説明にはならないということです。

●クラスタリングにおけるカテゴリラベルの説明と納得

クラスタリングでは、データの類似度に基づいてグルーピングを行います。様々な用途がありますが、分かりやすい例として、顧客のグループ分けを考えてみます。キャンペーン実施に向けて顧客を分類し、それぞれの客層に向けて施策を検討します。購買情報を見て、似通った購買傾向がある人が同一グループに入るようにクラスタリングを実施してみます。出来上がったそれぞれのグループにどのような人が属しているかを説明したいのですが、XAIで実現できるでしょうか？

採用するロジックによる差異はありますが、実際にできることは、傾向の特徴を示す推定値が得られるにとどまるでしょう。これではおそらく十分と言えず、マーケティング現場では、人が理解できる伝聞へと言語化されたナラティブな説明が好まれるでしょう。

- 普段はケチケチしているが、高い買い物の際には大盤振る舞い
- 安定的、周期的に同じモノを購入し続ける
- ポイントアップの時にだけ同じモノを購入する
- 季節限定商材が好きで、新しいモノ好き
- まとめ買いで一気に買う

このような購買の傾向や、下記のような個人属性の傾向を把握したくなります。

- 平日しゃかりき、休日ぐったりビジネスマン
- キャリアアップのための投資や、自分へのご褒美を欠かせない実業家
- 安いネギを求めて隣町へ自転車を漕ぐ家事手伝い

こういったクラスタリングの理由説明（各クラスへのカテゴリ付与）を、XAIに任せるのは無理です。XAIが抽出してくれるのは、あくまで無機質なデータの特徴量であり、そこに解釈や色を付けるのは今のところ人間の役目です。マーケティング分析に限らず、センサーデータにおける特徴的な波形の解釈でも同様のことが言えます。ヒントやガイドとしてXAIを活用しつつ、仮説に基づいてデータの可視化や集計を行い、カテゴリラベルを付けていくのが王道のやり方です。データサイエンティストに求められる要素にはビジネスナレッジがありますが、こういう仮説ドリブンなアプローチが不可避な際には、解釈のフェーズで現場ナレッジを活用していくことになります。

●はじめから説明内容が定型化され決まっている際の説明と納得

AIの進歩は目まぐるしく、期待は過熱気味のようです。一昔前の映画のような話、犯行前に犯罪者を捕まえるAIなどというのも現に開発されつつあり、話題になっています。防犯カメラで不振な所作を捉え、犯罪実行のリスクを検出するそうです。挙動不審という曖昧なものをAIが捕捉できるようになったのだとすると、驚くべき技術進歩です。

ここでは身近な例として、ATMの不正出金を未然に防ぐ話を挙げます。今まさに出金操作が行われているとき、不正が疑われた時点で手続きを停止し、ATMに備え付けの電話から声をかけて本人確認を行うという仕組みを考えてみます。

学習データとしては過去の入出金履歴が与えられているとします。給料日にお金をおろす人や毎週少しずつおろす人、非定期に利用する人など様々です。それらを特徴量として設計し、リクエストされた出金が不正かどうかの判断をAIでスコアリングします。結果が「不正」と出た場合には、人が電話で声掛けをするオペレーションとします。AIが不正と判断した場合、普段はしないはずの本人確認が発生するため、電話をかけた理由を明確に説明できることが望まれます。

このときATMの電話口で説明すべきは、どういった内容でしょうか。SHAPで説明変数の寄与度を算出し、「あなたは男性であり、給料日後3日以内に貯金を引き出すフラグがゼロで、云々かんぬん…」というのは非現実的です。「いつもと違う店舗を利用されていますね」といったように、分かりやすく納得できる説明でなければならず、しかも顧客を不愉快にさせない理由は限られるでしょう。説明に使える要因が限られているなら、PDP等の他のXAIの出番でしょうか。

本ケースの場合は、少し違った対応方法も考えられます。XAIの出力をそのまま伝えるわけではなく、顧客にとってわかりやすい代表的な説明項目を複数個用意しておいて、該当するかどうかを探索する方法です。

- いつもと違う地域で利用している。
- 犯罪頻発地域なので、見守りのためランダムに抽出しているのでご協力を。
- 金額が○○万円以上（残高の○○％など）であり、こういった出金は初めて。
- 週に○回以上引き出ており、普段と違うのでお声掛けしました。

顧客からすると、細かくすべての情報を提示されるよりも理解しやすいでしょう。すべての説明をXAIに任せる必要はなく、説明相手が納得しやすい説明に配慮することも大切です。典型的なシナリオを複数用意しておいて、それに該当するかどうかを自動判別する仕組みを作っておけばより利用者にやさしいシステムになるかもしれません。

もしかすると人間も、判断と説明は（脳の異なる部位が司る）独立した思考なのかもしれません。部下を昇進させるとき、昇進理由を一生懸命あとから考えたりしないでしょうか。判断するときの直感と、人を納得させる際の説明が本質的に違うのであれば、判断モデルとは完全に独立して説明部分を設計するものも「XAI」と呼んで悪くないかもしれません。

いくつか例を挙げましたが、XAIと、ビジネスで必要な説明は必ずしも一致しないということが理解できたと思います。XAIはあくまでモデル内での判断の説明を行うものであり、ビジネス上で要求される説明をアウトプットしているわけではないのです。

12.1.3 ビジネス上必要な説明の分類

皆さんは自転車に乗っていて、転ばずに進める理由を求められたら、どのように説明するでしょうか。多くの人は「うまくバランスをとっているから」というような曖昧な回答になると思います。自転車を漕げるAIロボットの挙動をXAIに学習させれば、どのように判断しているかの詳細が得られるかもしれません。加速度センサの微小な変化に合わせて、体勢を立て直す動作を繰り返しているのでしょう。

この説明が、技術開発部隊の責任者向けなら、妥当な説明に思えます。では、自転車を漕ぐAIの購入を検討しているお客様向けの場合、この技術的な説明で十分でしょうか。理系出身のお客様であれば、安心感を得られる可能性もありますが、加速度センサに対する非常に細かい応答の可視化は、多くの人が望む説明ではないでしょう。

こういったケースで説得力のある説明とは、「日本橋から渋谷まで一度も転倒せずに自動走行できました」とか、「ツールドフランスを走破しました」といったナラティブです。前節でいくつか事例を見たように、ビジネス上の説明は多くの場合、AIモデルの内部構造ではないところを拠り所としています。誰のための、何のための説明なのか、どのようにその説明を実現するか、といったことをきちんと整理しながら、AIの出した結果に対する説明を補強していく必要があります。以下いくつかの典型的なパターンを列挙してみます。

表 12.2　相手と目的に応じた説明方法

誰のため?(対象者)	何のため?(目的)	どのように?(主な方法)
モデルの開発者	モデルの振る舞いを知り改善につなげる	XAI
モデルを活用する人（エンドユーザ）	モデルが確からしいことの納得	XAI 実験・精度レポートの提示
モデルを活用する人	施策立案およびそのためのヒント	XAI 人の判断やモデル外での実装
モデルを活用する人	意思決定のためのエビデンス	過去の判断との比較 モデル外での検証（シミュレーション）
エンドユーザ社会	説明責任	実験・精度レポートの提示 当初想定とトラブル発生時の差異の提示

「どのように」の部分はケースバイケースであり、目安に過ぎません。それでも、世の中がAIに求める説明に対して、XAIが占めるポジションをイメージできると思います。

「説明」という言葉の共有は、XAIへの過度な期待を呼び込みがちです。深く考えずに、ビジネス上必要な説明をXAIで提案してしまうと、AIの業務適用はうまく進まないでしょう。AIモデルがどのように判断しているかを可視化する営みと、ビジネス上必要とされる説明は別物です。

ビジネス現場の要求をきちんと整理することは、AIモデルの開発と並ぶタスクです。このタスクは「コンサルティング」または「要件定義」とも呼ばれます。これを怠ると、AIモデル完成後に業務側と開発側の間でしばしば不毛な「可読性合戦」が勃発し、当初の要件定義・コンサルティング不足を嘆くことになります。AI活用を進める際には、XAIの名称を過信せず、業務側の整理も怠らず進めましょう。

12.2 精度と説明力のトレードオフ

ビジネスシーンが求める説明はまちまちであり、結局のところケースバイケースで知恵を絞り解決していく必要があると述べました。AIの中身にあまり興味のないビジネスオーナーも、目新しい技術であるAIには説明を期待するのが常です。そうした期待は喜ばしいものですが、根本原理として説明しづらい場合があることを理解してもらうよう導くことも重要です。

12.2.1 複雑な事象の説明は根本的に複雑

予測精度を高める方法を一言で表すとしたら、「あらゆるシチュエーションに対応できるようにチューニングしていく」と言い切ることになるでしょう。

例えば、法令や税制をイメージしてみます。法律家や税理士でない限り、その内容は非常に複雑怪奇で難解な代物です。そのようになっているのは、精度を担保するためです。この場合の精度とは、「あらゆるシチュエーションに対して納得感を持って適応できること」にほかなりません。当然のことながら、人間社会に起こりうるあらゆるいざこざに対し、万能な法律（ロジック）を作ることは難しいため、複雑怪奇となり、かつ解釈という曖昧な調整弁を持たせているのです。

物理学の世界を覗いてみると、アインシュタインの相対性理論は、それまでのニュートン力学では説明困難な誤差を補正するために登場したといってもよさそうです。日食をより精度高く説明することに成功し、そのことによって相対性理論の妥当性が確認されました。

昨今のAI・機械学習は、シンプルを良しとする美学とは逆行するようです。大量の学習データを総当たり的にフィッティングさせていくAIの手法に対し、「いいからシンプルに説明せよ」と求めるのは最初から難易度が高いのだということを理解した上で、AIを扱うべきです。

そもそも、私たちが扱うビジネス上の問題の多くは複雑な事象です。犬と猫を判別するという代表的な画像分類タスクも、実は非常に複雑な問題です。遺伝子や生活様式の違い、身体的な特徴（爪が隠せるか、舌がざらざらしているか）といった情報なしに、画像だけで犬か猫かを判断しようという試みです。人間にとっては簡単なタスクですが、判断の根拠を質されたら「なんとなく経験から」と多くの人が答えるでしょう。無理に説明しようとすれば、耳が犬っぽい、顔が長くて犬っぽい、目がするどくて猫っぽいなど、局所的で曖昧な説明になるでしょう。全ての犬と猫を見分ける単純なロジックを一言で説明するのはほとんど不可能です。

これはまさに、第7章で紹介したLIMEのアウトプットそのものです。AIロジックは非線形で複雑な構造を持つため、説明はどうしても局所的になります。これに対してモデルの大局的な判断理由を説明させようとすることは、原理的に困難なのです。人間が犬と猫の判別理由をロジカルに一言で示すことと同様に、難しいことなのです。

12.2.2 XAIへの過度な期待は禁物

複雑な事象を精度高く包含するモデルには、説明しづらい複雑なロジックが必要です。このことを頭に入れておかなければ、複雑な構造を持ち、複雑な事象を説明するアプローチの必然性や良い部分が薄れて、一方的に「説明しづらく使いづらい」という烙印を押されてしまいます。「線形回帰と同様に寄与度が出せる」、「変数を絞ってモデルを再構築できる」など、XAIは非常に便利で強力です。ですが、「複雑怪奇な現象を一言で簡潔に述べよ」という無理難題を押し付けてはいけません。

12.3 納得感の醸成

12.3.1 必要なのは「理解」ではなく「納得」？

AI に限らず新しいものを導入する際には、「新しいものはなんとなく不安」と感じている人に、納得して受け入れてもらうための努力が必要です。例えば、新型コロナウイルス対策の mRNA ワクチンに不安を感じ、接種をためらう人は少なくないでしょう。彼らにワクチンの詳細なメカニズムを説明しても、納得にはつながらないでしょう。一握りの人を除いては、難しい話で論破・強要されているように感じ、反発を覚えるかもしれません。

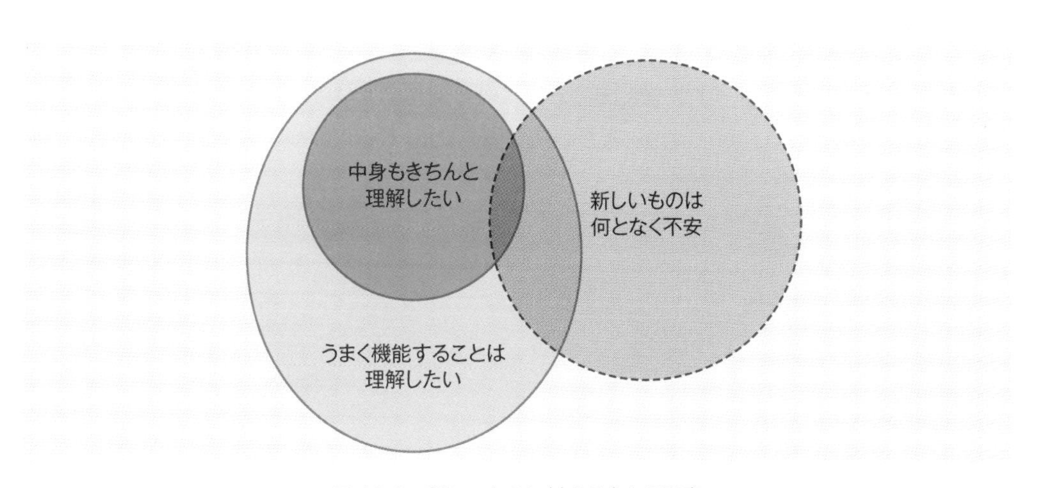

図 12.3 新しいものに対する人々の反応

新しいものに対する人々の反応を、大きく 3 つのレベルに分類してみましょう。

1. 中身まできちんと理解したい人
2. 機能や効果、用途や役割を理解したい人（中身はなんとなくでよいので、メリット／デメリットを定量的に把握したい人）
3. それ以外の人（メカニズムにも定量的評価にもあまり興味がない人）

1 番目と 2 番目の人達には、メカニズムの詳細や定量的なメリット／デメリットを丁寧に説明すれば納得してもらえそうです。しかし 3 番目の人たちには、不安の原因を読み解き、別の方策を検討しなければいけないかもしれません。相手が社会の構成員全体のように個別対応が難しい場合は、長期的に啓蒙・宣伝活動を行って、徐々に理解者を増やしていく形になるかもしれません。

AI モデルに対する不安も、ワクチンと同じ図式で考えることができるでしょう。

表 12.3　新しいものに対する関心と説明の方法

	mRNA ワクチン	AI モデル
1. 中身まできちんと理解したい人のための対応	ワクチンのメカニズムの説明	モデル学習および予測アルゴリズムの動作の説明
2. 機能や効果は理解したい人のための説明	ワクチン接種の効果、副反応発生率の定量的評価の共有 想定される最悪ケースの共有	予測精度の定量的評価の共有 想定される最悪ケースの共有
3. それ以外の人のための対応	著名人や医師による呼びかけ 実績を積み重ねる 接種するのが当たり前という空気を醸成する	実務での実績の積み上げ マスメディア、報道などでの紹介

注意しなければならないのは、XAI に興味がある人、機械学習の研究者だけで議論すると、1 番目と 2 番目の人たちばかりになってしまって、その人たちだけが納得する方法（モデルを適切に理解する方法）の話になりがちな点です。AI の社会実装を進めていくには、3 番目の人たちこそ納得してもらいたいターゲットですが、現状の XAI がこの人たちへの納得を促すのか、懐疑的な意見が出るのも無理からぬことでしょう。

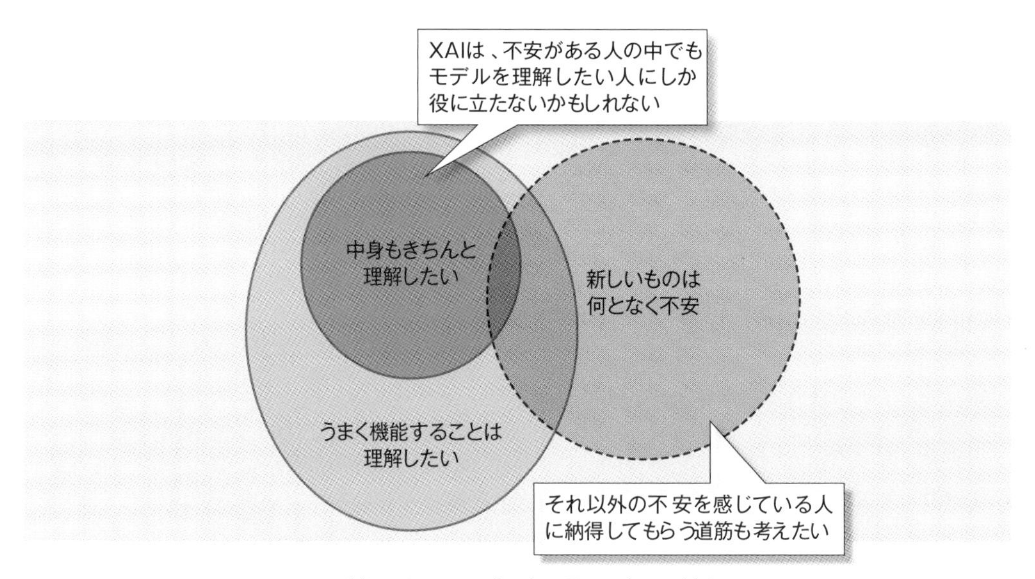

図 12.4　新しいものへの感じ方の異なる人々に対する XAI

12.3.2 線形回帰はなぜ納得して使われるのか？

「説明可能性が高いモデル」と言われ真っ先に挙がるのは、線形回帰モデルやロジスティック回帰モデルです。古典的な手法であり、最近の手法と比較すると精度が高くなりにくいですが、可読性を重視する場面では今でも多く採用されています。なぜ、これらの手法が納得を得やすいのかを考えてみましょう。

まず、構造がシンプルで、回帰係数の正負や大小をチェックするだけで、処理の概要を理解できる点は大きなポイントです。特に、ある特徴量が変動した時に予測結果がどう変動するか（感度分析）が、モデルの構造そのものである回帰係数から直ちにわかるのは、人間の認識との相性がよいようです。「ブラックボックスだ」とは感じにくい手法であることは間違いないでしょう。

一方で、シンプルすぎる構造のため、精度を上げにくいのも事実です。説明変数をできるだけ増やす、交互作用項を追加する、説明変数変換を行うなどの対応により、線形回帰モデルのままで少しでも精度を上げる努力は可能ですが、説明変数が直観的に解釈しにくいものになってしまうので、本来期待していた説明可能性が低下してしまいます。

実用の現場では、説明可能性を担保するために線形回帰モデルを採用することは決まっていても、「精度も犠牲にしたくない」という対立した要求が上がるケースがあります。説明可能性が条件だったはずなのに、精度改善のために長年少しずつモデルに改良を加えていった結果、「説明可能性がある」と本当に言えるのか、怪しくなってしまった現場も少なくないでしょう。実効性のある説明が得られているかどうかでなく、「線形回帰モデルだから説明可能性が高いはず」という、なんとなくの安心感で使われているケースも多いようです。

12.3.3 XAIにより納得感は得られるか？

XAIはAIの中身を理解するためにありますが、その役割は、AIを網羅的に理解するというよりも、人間が理解しやすいサマリーとして近似することにあると言えます。本当にAIの中身を理解したいのであれば、モデル自体の動作を直接理解する試みが必要となります。XAIは、AIの代表的な振る舞いを説明することで、そのモデルに対する納得感の醸成に一役買っています。ただしその納得感は、AIのすべてを的確に表現して得られたのではなく、あくまで代表的な特徴の一部のみを再現して得られたものだという点に注意を要します。

本章のまとめ

本章では、実用上の観点から、XAI に関して意識すべき点を見直しました。XAI は、AI モデルの様々な側面を捉える非常に有益な技術ですが、ビジネスオーナーなど、技術者以外が期待する説明を必ずしも返せるわけではありません。また、利用者が納得できる説明は、そのモデルの特徴をそのまま伝えることだけに限らず、相手や場面に合わせた説明を用意することが大切です。XAI による説明で全てを解決しようとせず、XAI が苦手とする期待を叶えるよう、要件定義やコンサルティングのフェーズも重視しつつ、様々なテストケースの結果を確かめ、隙のない AI の実用化を目指すべきでしょう。

本書では、XAI の有用性や実用的な使い方を紹介してきましたが、その限界についても、一定の線引きを試みました。今後の XAI が苦手部分をどう改善し克服していくか、次の第 13 章で展望を語りたいと思います。

第13章

これからのXAI

ここまで、XAI の基本的な理論、主要なライブラリの使用方法、実用における課題などを解説してきました。XAI への理解度を高めたことで、シーンに応じ適切な方法で AI を説明できるようになったと言えるでしょう。しかし、社会へのさらなる AI の普及を踏まえると、技術に詳しくない利用者でも納得できるような XAI の実現が求められます。そこで本章では、社会への浸透を目指すうえでの XAI の今後を展望していきます。

13.1 利用者にとってのXAI

本書もいよいよ最終章です。ここまでの内容を理解できたエンジニアの皆さんは、XAI技術を使いこなして、複雑なAIモデルを解釈し説明できるようになったことでしょう。しかし、実際のAIの活用場面で推論結果を受け取る利用者は、皆さんのようにXAI技術に詳しいわけではありません。ここでは少し視点を変えて、そのような利用者にとって、XAIがどのように役立つものであるか、また、役立つべきなのかを考えていきます。

13.1.1 XAIの到達点

XAIの理論や課題について、改めて要点を整理します。XAIによって実現できるようになったことと、まだ実現が難しいことを分けることで、現状の到達点を明確にしていきます。

● XAIによって実現できること

まずは、XAIによってどのようなことが実現可能になったか、簡単におさらいしてみましょう。LIMEやSHAPをはじめ本書が紹介してきた様々なXAIは、例えば以下のような役割を果たすものでした。

●個々の予測結果に影響する重要な特徴量の表示

LIMEやSHAPを用いることで、様々なAIモデルが個々のデータに対して行う予測について、どの特徴量がどの程度重視されているかを明らかにすることができます。

●画像の予測で重視されている領域の可視化

LIMEやGrad-CAMなどを用いることで、画像に対する予測を行うAIにおいて、画像のどの領域が、予測へ強い反応を与えているかを、画像と重ねるようにして可視化できます。

●テキストの予測における重要単語の提示

LIMEやIntegrated Gradientsなどを用いることで、テキストデータを対象としたAIにおいて、予測へ強い影響を及ぼす単語はどれなのかを明確化できます。

●予測に至る判断過程の代理モデルによる説明

Tree Surrogateなどを用い、複雑なAIの代理モデルを生成することで、複雑なAIモデルでは直接理解することが難しい予測の判断条件について、より簡単な代理モデルの内部構造から傾向を把握することができます。

● XAIでは実現が難しいこと

XAIによって、複雑なAIモデルやその予測結果の理解につながる、多様な観点での説明を得ることが可能になりました。しかしながら、AIのすべての側面をXAIで理解できるわけではありません。以下の点については、現状のXAIでは未だ解決には至っていません。

- **AIモデルそのものの解析**
  Tree Surrogateなどの代理モデルによる説明は、AIモデルの中身を明らかにするものではないことに注意が必要です。また、Grad-CAMやAttentionのように、複雑なディープラーニングそのものを説明する仕組みもありますが、理解できているのは複雑なネットワーク構造の一部のみだと言えます。
- **汎用性と安定性の両立**
  XAIの代表的な手法であるLIMEは、モデルに対する依存性がなく、汎用的で扱いやすい一方で、乱数やパラメータによっては説明が不安定となります。そのため、説明を受け入れるために必要な一貫性を欠いた説明となる懸念が生じます。
- **帰納的に得られた説明に対する納得感**
  AIは機械学習のプロセスを経て、データに見られる傾向に基づいて構築されるため、XAIが導出する説明もまた、帰納的に得られたものだと言えます。特に慣れ親しんだデータなどの場合、感覚と一致しない説明が生成される可能性もあり、一見して納得につながらないケースもあります。

以上のように、XAIには未解決の課題もいくつかあります。そのため、XAIを使う際には、実現できることとできないことを正しく理解したうえで、適切な方法を目利きして使い分けることが重要です。

13.1.2 XAIは利用者に役立つか?

AIの利用者は技術者だけでなく、ビジネスの担当者や責任者、一般の個人顧客までにわたる広範な人々が想定されます。そして、それぞれの立場によって、AIに対する期待の高さや内容が異なります。ここでは、XAIによる説明が、そうした利用者の期待に応えるものであるか、改めて考えてみます。

● AI利用者の期待

まずは、AIに何を期待しているか、利用者ごとの違いを**表13.1**に簡単に整理してみます（前章でも同様に、利用者ごとの「期待する説明方法」の違いを表12.2にまとめましたが、表13.1では、より具体的な立場の違いに目を向けています）。なお、この表に挙げたのは、AIの予測結果を理解するうえでの期待の一例であり、利用状況次第で内容が変わることに留意してください。

表 13.1　利用者ごとの AI に対する期待

利用者	AI に対する期待の例
データサイエンティスト、AI 技術者	予測の判断に至るまでの過程や重視された特徴量などを、数学的に裏付けのとれる方法で解析できること
サービスや業務の担当者	業務的な経験則と整合性のとれる形で、予測結果と理由の説明が得られること
経営者などビジネスの責任者	ビジネスにおいて価値の高い点だけを重点的に絞り込んで、納得のいく予測結果と理由の説明が得られること
サービス受益者、一般の利用者	サービスや機能に対する前提知識が不十分でも理解できるような、分かりやすい形で予測結果と理由の説明が得られること

●非エンジニアにとっての XAI の価値

技術者以外の人々の期待からは、数学的な意味での厳密性を追求するよりも、業務と整合し、ビジネス上の価値が高く、分かりやすい説明が求められると推察されます。XAI にはユーザフレンドリーな UI を備えたライブラリも多くありますが、業務的な経験則との一致や、ビジネス的な価値の優劣まで勘案した説明を出力することは、XAI にとって非常にハードルが高いといえるでしょう。そのハードルを越えて、技術者以外の利用者が納得して AI の推論結果を受け入れることのできる、新たな XAI の発展が必要とされています。

13.2 納得できる説明への挑戦

技術者でなくても AI の推論を納得できるように説明することは、現状の XAI では未だに実現できていない課題として残っています。ここでは、納得感を得るためのアプローチのひとつである、「XAI への知識活用」を考えていきます。

13.2.1 納得感不足の理由

これまでの XAI によって利用者の納得感が得られないのは、説明の背後にある業務的な知識にまで言及して根拠を示していないためだと考えられます。このことを分かりやすくイメージするために、AI 利用の実例を挙げて、納得感について考えてみます。

●知識活用の実例

社会的意義の高い AI の適用例として、「医療診断 AI」を考えてみます。AI は患者が受けた各種検査結果の入力に対し、疾病であるかどうかの判定を出力します。このユースケースにおいて XAI は、判定の根拠となった検査項目がどれだったのかを示します。

疾病の予測とともに、その根拠が示されれば、診断に理由があることは誰でも理解できるでしょう。しかし、納得を得るためには、前提として「示された検査項目は疾病と関連性が高い」という医学知識が必要になります。つまり、患者自身が AI の診断理由を納得して受け入れるためには、検査項目と疾病との医学知識を事前に理解していることが求められると考えられます。

この例からは、XAI による説明で納得感を得られない理由は、取り扱い分野の専門的な知識体系を考慮できていないことにあると言えます。

13.2.2 知識活用の方針

XAI の説明に対して、分野ごとの専門知識を活用する仕組みが実現できれば、納得性の課題はクリアできそうです。そこで、XAI に対してそうした知識活用を行う方法や、実現のための要件を考えてみます。

● XAI への知識活用

説明に知識を追加する最も シンプルな方法としては、**図 13.1** のように、XAI の結果に対し予め整理された関係性を付加する案が考えられます。専門知識を収録したナレッジベースが構築できていれば、スコアの高い項目同士の間に、予測に影響する専門的な関係性などを紐づけて提示することができます。

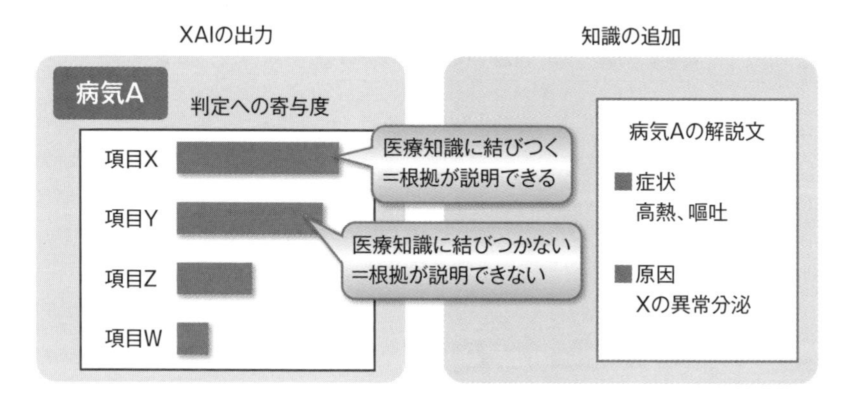

図 13.1　XAI への知識の組み込み

●構造的な知識整理の必要性

XAI の説明に専門知識（ドメイン固有の知識）を付加するには、その知識が構造的に整理された状態で利用可能であることが求められますが、説明に適した形で整理されたナレッジベースが存在するケースは稀です。入手可能な大多数の専門知識は、一般的な文書の形で記録されているため、XAI 向けに構造化して蓄積する必要があります。

これは、テキストから重要な表現を抽出して、それらの関係性を整理するという、自然言語処理を中心とした技術開発によって実現できるものです。つまり、XAI に対して納得感を持たせるための改善は、XAI 単独での技術発展だけでは不十分であり、分野横断での複合的な研究開発が必要になるのです。

Column 知識グラフとLOD

注目する特定の分野について、重要な要素（エンティティ）と、それらの間にある関係性（リレーション）をグラフネットワークの形に表現したものを「**知識グラフ**」といいます。また、Web 上に公開されたデータ同士を URI によって関連付けたリンクネットワークを「**LOD**」(Linked Open Data) といいます。ある分野の関係性を表現した LOD は、その分野について整理された知識グラフが公開されたものだとも言えます。

著名な LOD（知識グラフ）として、ウィキペディア上の記事と、リンクやカテゴリ情報などの関係性を収録した「DBpedia」があります。DBpedia を対象にして、SPARQL（知識グラフを操作する SQL のような手続き方法）などのクエリを投げることで、任意のカテゴリの記事一覧や、数珠つなぎに派生する別の関連記事など、柔軟にウィキペディアの情報を収集できます。

知識グラフはこのように、重要な要素の関係性を構造的に整理して柔軟性高く操作できることから、研究開発への関心も高まっており、今後の動向に期待がかかります。

13.3 XAIの理想像

技術に詳しくない利用者でも受け入れられるXAIの説明を実現するためには、知識活用など、従来とは異なる分野での改善が必要です。本書の締め括りとして、このような分野横断での取り組みの延長線上に、XAIの理想像を想い描いてみましょう。

13.3.1 分野をまたいだ発展への期待

より広範な利用者がXAIの説明に納得感を得るには、知識活用を実現するなど、統計学を土台とする従来の研究に限らない改善の営みが不可欠です。さらに、AIが今後一層社会に寄り添っていくには、心理学や認知工学、行動社会学など幅広い研究分野との連携が必要になるでしょう。また、脳と直結するBMI（Brain-Machine Interface）をはじめ、システムと人間の間での新たな情報連携の仕組みが一般化され、これまでとは全く異なる方法での「説明」が普及していくことにも期待がかかります。

●心理学の目線からの見直し

本章で述べている「納得感」について改めて考えると、説明を受け取る利用者の心理作用が大きな役割を占めていることに気づきます。これまでのXAIは、分かりやすさや納得感について、研究開発者の主観に基づく解決案を提示してきたに過ぎません。利用者にとって本当に価値のある説明を実現するには、納得感がどのようにもたらされるものか、心理学等の目線から見直していくことも重要だと考えます。

13.3.2 XAIのあるべき姿

これまでXAIの技術開発は、機械学習や統計学を中心に据えて取り組まれてきました。しかし、AIの利用者にとって真に価値の高い説明を実現するためには、これまでに述べてきたように分野横断での幅広い発展が不可欠でしょう。今後のAIのさらなる普及を見据えたとき、社会的責任のあるクリティカルな領域にいくほど、XAIの必要性が高まると考えられます。AIに関わる人がより多様化するなかで、様々な目線からのニーズを汲み取って、改善にフィードバックしていく機運が醸成されていくことが望まれます。

appendix

付録

環境構築の手順

ここでは、第6章から第10章で紹介している各種XAIライブラリを使用するにあたって必要となる実行環境の構築手順を解説します。なお、前提として、本書ではOSはUbuntu 18.04 LTSを使用します。

A.1 Python環境

本書で紹介しているXAIライブラリは、いずれもPythonパッケージとして提供されています。ここでは、Pythonを動かす環境の構築手順を解説します。特に、XAIライブラリごとの動作要件に違いがあるため、以下の2点を考慮してPython環境を構築します。

①pyenvによる複数バージョンのPythonの切替え

XAIライブラリによっては、Pythonのバージョンに制限があります。そこで、同一マシン上に複数バージョンのPythonをインストールし切り替えて利用できる「pyenv」を導入します。なお、Pythonには2系と3系がありますが、本書ではPython3系を使用しています。

②venvによるPythonパッケージ仮想環境の構築

XAIライブラリには、Pythonのバージョンだけでなく、依存関係のある他のPythonパッケージに対してもバージョンの制限があります。そこで、マシンのPythonパッケージ環境とは独立した仮想環境を構築できる「venv」を使用します。venvは、Python3.3以降で標準機能として提供されています。

● pyenvによる複数バージョンのPythonの切替え

上記①のpyenvを、**リストA.1**の手順に従って導入します。GitHubから資材をダウンロードし、コマンドとして使用するために実行ファイルへパスを通します。

次に、pyenvでインストールが可能なPythonの中から、使用したいバージョンを複数インストールします。その後、その中のどれか選択して有効化すれば、簡単にPythonのバージョンを切り替えることができます。

リストA.1：pyenvのインストールとPythonのバージョン切替え

```
# pyenvの導入
user@ubuntu:~$ git clone https://github.com/pyenv/pyenv.git ~/.pyenv
user@ubuntu:~$ echo 'export PYENV_ROOT="$HOME/.pyenv"' >> ~/.bashrc
user@ubuntu:~$ echo 'export PATH="$PYENV_ROOT/bin:$PATH"' >> ~/.bashrc
user@ubuntu:~$ echo 'eval "$(pyenv init -)"' >> ~/.bashrc
user@ubuntu:~$ source ~/.bashrc

# 使用したいバージョンのPythonインストール
user@ubuntu:~$ pyenv install --list
...
```

```
3.7.7
...
user@ubuntu:~$ pyenv install 3.7.7
user@ubuntu:~$ pyenv versions
* system (set by /home/user/.python-version)
3.7.7

# マシン標準の python のバージョン確認
user@ubuntu:~$ python --version
Python 2.7.17

# pyenv で切り替えた python のバージョン確認
user@ubuntu:~$ pyenv local 3.7.7
user@ubuntu:~$ python --version
Python 3.7.7
```

● venvによるPythonパッケージ仮想環境の構築

リストA.2の手順に従い、「venv」を用いて、独立したPythonパッケージの仮想環境を構築します。

まず、仮想環境を構築する前のパッケージ導入状況を、Pythonパッケージのインストールマネージャーであるpipを用いて確認すると、マシン標準環境にインストールされた各種Pythonパッケージが一覧表示されます。そして、venvによって仮想環境を構築して切り替えた後、再度Pythonパッケージの導入状況を確認すると、Pythonインストール直後の最低限のパッケージのみインストールされた状態になっています。

仮想環境は任意の名前でいくつでも構築可能であり、使いたい仮想環境を指定して有効化することで、簡単に切り替えることができます。

リストA.2：venvによるPythonパッケージの仮想環境の構築

```
# python のバージョン確認
user@ubuntu:~$ python --version
Python 3.7.7

# 導入済みの python パッケージの確認
user@ubuntu:~$ pip list
Package              Version
```

```
----------------- ----------
argon2-cffi       20.1.0
async-generator    1.10
attrs              20.3.0
. . .
(インストール済みのPythonパッケージ一覧)

# Python仮想環境の構築
user@ubuntu:~$ python -m venv XAI

# 仮想環境への切替え
user@ubuntu:~$ source XAI/bin/activate

# Python仮想環境のpythonパッケージの確認
(XAI)user@ubuntu:~$ pip list
Package       Version
------------- -------
pip           20.3.1
setuptools    41.2.0
threadpoolctl 2.1.0

# 仮想環境から戻る
(XAI)user@ubuntu:~$ deactivate
```

おわりに

総括

ここまで本書を読み進めてくださり、ありがとうございます。

本書では、AIに課せられる説明責任を果たす技術XAI（説明可能なAI）をテーマとし、様々な角度から理解を深めました。AIは急速に社会へ浸透してきましたが、人々にとって必ずしもポジティブな影響だけをもたらすものではありません。倫理に反した判断を下してしまったり、個人情報保護の観点から問題視される場合もあります。このような課題は国際的に取り沙汰されており、本書の執筆中にも欧州でAI規則案が表明されるなどしています。こうした情勢からも、XAIについて理解を深めることはたいへん重要だと言えます。

また昨今、AIを構成要素とするデジタルトランスフォーメーション（DX）が喧伝されていますが、ビジネスとAIが密接する今日、AIの判断に根拠を示せることは、経営層やエンドユーザーから理解と共感を得るうえで重宝されることでしょう。このような社会的要請を受けて、XAIに期待がかかるのは当然と言えます。

ただし、XAIが何でも解決できる魔法の杖ではないことには注意が必要です。データの特性や説明のレベル感によっては、有力なXAIも最適解になるとは限りません。もっと古典的なロジックの技術が現実的な解決手段になることも珍しくありません。大事なことは、実際の課題に対してXAIの特徴を的確に把握し、実現可能なゴールを共有することだと筆者達は考えています。

本書を通じて、XAIによる実務的な解決方法を皆さんが習得し、目的とする価値の実現につながる実践力を身につけることができたなら、筆者にとってこのうえない喜びです。

謝辞

本書は、たくさんの皆様に支えられて実現することができました。まず、企画立ち上げから諸般の調整、ご執筆経験の共有など幅広くご支援頂いた小林佑輔様と、日々のメンタリングやアドバイスを通じご鞭撻を頂いた安部裕之様には大変感謝しております。また、雨宮俊一様、吉田英嗣様、中川慶一郎様、高橋弘明様、武田光平様、稲葉陽子様、末永高志様をはじめNTTデータ技術開発本部の皆様には、本書の執筆に不可欠な様々な知見を得るため、日頃よりご指導をいただきました。加えて、リックテレコム社の松本様と蒲生様には、端的で解りやすい内容に仕上げるうえで、あらゆる側面からサポートしていただきました。

ご紹介できなかった方々も含めて、これまでお世話になったすべての皆様のおかげで本書を書き上げることができました。改めて感謝の気持ちを述べさせていただきます。ありがとうございました。

2021年6月　著者一同

Index

著者のプロフィール

大坪直樹（おおつぼ なおき） 2章、3章、4章（4.1、4.4～4.6節）、5章、10章、13章、付録を担当

2015年、NTTデータに入社。ヘルスケア分野向けパッケージソフトウェアの開発業務を経て、2018年からAIやデータ分析技術の研究開発に従事。ヘルスケアをはじめ、人の判断に重大な責任を伴うビジネス領域において、業務の高度化・効率化を目指したAIの実現に邁進。ビジネス×機械学習の間を取り結ぶキーテクノロジーとして「説明可能なAI」を捉えており、お客様・ユーザー目線での使いやすさ・分かりやすさを第一にしたいと考えている。

中江俊博（なかえ としひろ） 4章4.8～4.9節、8章、11章を担当

2003年、NTTデータ数理システムに入社。入社直後からデータマイニング・機械学習の組織でデータ分析の受託案件を多数担当するかたわら、パッケージソフトウェアの販売・営業などを並行して実施。IoTスタートアップへの転職を経て、2019年から現職のビズリーチ（Visionalグループ）に所属。現在、レコメンドシステム等の機械学習ロジックの実装業務に従事。

深沢祐太（ふかさわ ゆうた） 4章4.7節と7章を担当

2016年、NTTデータ数理システムに入社。製造業向けの科学計算、データ分析などの研究開発に従事。2018年ごろから組み込み、エッジデバイス向けの画像解析の研究開発に携わる。LeapMindを経て、現在は数理モデルの開発、画像解析の経験をもとに、2021年より自動車メーカーにて運転走行データの解析、車載カメラの画像解析の研究開発に携わる。

豊岡 祥（とよおか しょう） 4章4.3節と9章を担当

2017年、NTTデータ数理システムに入社。数理最適化・シミュレーション・機械学習等幅広い技術を活用して実問題の解決に取り組んでいる。コロナ渦を機に競技プログラミングを始め、「2020年PG BATTLE」企業の部6位入賞など邁進中。趣味は合唱で、国内10以上の都県や欧州での演奏経験を持つ。2016～2018年全日本合唱連盟ユースクワイアメンバー。

坂元哲平（さかもと てっぺい） 4章4.2節、6章、10章の一部を担当

2018年、NTTデータに入社。以来、AI技術の社会実装に向けた研究開発に携わる。また、公共分野や金融分野など幅広い業界のAI・データ分析プロジェクトに従事。技術も業務も正しく理解し、その架け橋になるべく日々邁進中。

佐藤 誠（さとう まこと） 12章を担当

2005年、NTTデータ数理システムに入社。数理計画・最適化の開発エンジニアとして、お客様へのコンサルティング活動などを並行して実施。その後、機械学習など同社の技術全般に関し、お客様の課題整理、導入支援を中心とした営業・コンサルティングチームのリーダーとして活動。

五十嵐健太（いがらし けんた） 12章を担当

2010年、NTTデータ数理システムに入社。機械学習・統計解析などを用いたデータ分析の受託案件を多数担当。自社開発の分析ツールの開発にも携わる。現在はAI・機械学習などの導入を検討するお客様の課題整理、導入支援などに従事。

市原大暉（いちはら だいき） 1章を担当

2017年、NTTデータに入社。コミュニケーションロボットやドローン、IoTに関する研究開発に従事し、現在は信頼できるAIシステムの実現に向け、開発工程の体系化や品質保証手法の具体化に取り組む。自宅のスマートホーム化を進めているが、マンションのオートロックを突破できないことが悩み。趣味ではプロデューサー業の傍ら、ウマの育成にも励む。

堀内新吾（ほりうち しんご） 1章を担当

2013年、NTTデータに入社。ビッグデータ分析と画像認識に関する事業および研究に従事。2018年頃から、実ビジネスへのAI活用に課題を感じ、AIシステム開発のためのプロセスおよび品質管理の検討チームを立ち上げ、啓蒙活動を実施中。アルゴリズムの検討から機械学習技術活用のコンサルティングまで、データ活用に関することは幅広くできるようになりたいと願う。共著書に『データサイエンティストの基礎知識』（2014年、リックテレコム刊）がある。

XAI（説明可能なAI）
―― そのとき人工知能はどう考えたのか？

2021年7月13日　第1版第1刷発行
2022年3月22日　第1版第2刷発行

著　者　大坪直樹・中江俊博・深沢祐太・
豊岡 祥・坂元哲平・佐藤 誠・
五十嵐健太・市原大暉・堀内新吾

発行人　新関卓哉
企画担当　蒲生達佳
編集担当　松本昭彦
発行所　株式会社リックテレコム
〒113-0034 東京都文京区湯島 3-7-7
振替　00160-0-133646
電話　03（3834）8380（営業）
　　　03（3834）8427（編集）
URL　http://www.ric.co.jp/

装　丁　長久雅行
DTP制作　QUARTER 浜田 房二
印刷・製本　シナノ印刷株式会社

● 訂正等
本書の記載内容には万全を期しておりますが、万一誤りや情報内容の変更が生じた場合には、当社ホームページの正誤表サイトに掲載しますので、下記よりご確認下さい。
＊正誤表サイトURL
http://www.ric.co.jp/book/seigo_list.html

● 本書に関するご質問
本書の内容等についてのお尋ねは、下記の「読者お問い合わせサイト」にて受け付けております。
また、回答に万全を期すため、電話によるご質問にはお答えできませんので了承下さい。
＊読者お問い合わせサイトURL
http://www.ric.co.jp/book-q

● その他のお問い合わせは、電子メール：book-q@ric.co.jp、またはFAX：03-3834-8043にて承ります。
● 乱丁・落丁本はお取り替え致します。

ISBN978-4-86594-292-7　Printed in Japan